Studien zur theoretischen und empirischen Forschung in der Mathematikdidaktik

Reihe herausgegeben von

Gilbert Greefrath, Münster, Deutschland

Stanislaw Schukajlow, Münster, Deutschland

Hans-Stefan Siller, Würzburg, Deutschland

In der Reihe werden theoretische und empirische Arbeiten zu aktuellen didaktischen Ansätzen zum Lehren und Lernen von Mathematik – von der vorschulischen Bildung bis zur Hochschule – publiziert. Dabei kann eine Vernetzung innerhalb der Mathematikdidaktik sowie mit den Bezugsdisziplinen einschließlich der Bildungsforschung durch eine integrative Forschungsmethodik zum Ausdruck gebracht werden. Die Reihe leistet so einen Beitrag zur theoretischen, strukturellen und empirischen Fundierung der Mathematikdidaktik im Zusammenhang mit der Qualifizierung von wissenschaftlichem Nachwuchs.

Norbert Noster

Deutungen und Anwendungen von Äquivalenzumformungen

Norbert Noster
Würzburg, Deutschland

Inaugural-Dissertation zur Erlangung der Doktorwürde der Graduiertenschule für die Geisteswissenschaften / Graduate School of the Humanities (GSH) der Julius-Maximilians-Universität Würzburg

ISSN 2523-8604　　　　　　　　ISSN 2523-8612　(electronic)
Studien zur theoretischen und empirischen Forschung in der Mathematikdidaktik
ISBN 978-3-658-43279-9　　　　ISBN 978-3-658-43280-5　(eBook)
https://doi.org/10.1007/978-3-658-43280-5

Die Deutsche Nationalbibliothek verzeichnet diese Publikation in der Deutschen Nationalbibliografie; detaillierte bibliografische Daten sind im Internet über http://dnb.d-nb.de abrufbar.

Planung/Lektorat: Marija Kojic
Springer Spektrum ist ein Imprint der eingetragenen Gesellschaft Springer Fachmedien Wiesbaden GmbH und ist ein Teil von Springer Nature.
Die Anschrift der Gesellschaft ist: Abraham-Lincoln-Str. 46, 65189 Wiesbaden, Germany

Das Papier dieses Produkts ist recyclebar.

Geleitwort

Algebra ist – nicht nur aus historischer Perspektive – ein bedeutendes Themenfeld der Mathematik und damit auch des Mathematikunterrichts. Das Lösen von Gleichungen zählt zu den Kernelementen eines Algebra-Curriculums – sowohl in der Schul- als auch in der Hochschulmathematik. Das Thema der Äquivalenzumformungen ist bereits ab Klasse 7 allgegenwärtig und wird in allen darauffolgenden Jahrgangsstufen im Mathematikunterricht explizit und implizit zur Anwendung gebracht. Spätestens beim Umformen von Gleichungen lernen Schülerinnen und Schüler Möglichkeiten kennen, wie Gleichungen oder Formeln umgestellt werden können, dabei werden „Verfahren" in der einen oder anderen Form auf bewährte Weise zur Anwendung gebracht. Nicht zuletzt deswegen entwickeln Lernende bereits ab der frühen Sekundarstufe, „Strategien" bzw. „Muster", um Lösungen zu erarbeiten bzw. curricular angebundene Fragestellungen zu bearbeiten. Die zielgerichtete Anwendung von Äquivalenzumformungen ist hierbei unumgänglich.

Trotz der prominenten Stellung im Mathematikunterricht und im Curriculum – bei gleichzeitig umfangreicher Forschung im Themenbereich der Algebra – ist das Thema der Äquivalenzumformungen gegenwärtig nicht im aktuellen Forschungsparadigma der Mathematikdidaktik (prominent) vertreten. Einerseits wurde bereits sehr viel Grundlagenarbeit bis zum Ende des 20. Jahrhunderts geleistet, sodass Fortschritte auf diesem Gebiet nicht sehr einfach zu erzielen sind. Andererseits existieren aber bislang kaum tiefgehende Forschungsansätze, um sich diesem Grundlagenthema wissenschaftlich zu nähern, evidenzbasiert zu diskutieren und abschließend einer umfassenden mathematikdidaktischen Diskussion zuzuführen. Kurzum, es ist notwendig sich der Fortentwicklung dieses Gebiets zu widmen.

Genau diese (Forschungs-)Lücke greift die Promotionsarbeit von Norbert Noster auf, indem er zunächst alle wesentlichen Begriffe und Perspektiven strukturiert und neu zusammenstellt!

Im Anschluss werden mittels einer qualitativen Inhaltsanalyse verschiedene Deutungen (als Charakterisierung) des Äquivalenzumformungsbegriffs erarbeitet. Dabei zeigt Herr Noster auch, dass spezifische Charakterisierungen mit spezifischen Leistungsniveaus der Lernenden einhergehen. Ein weiterer bedeutender Untersuchungsansatz der vorliegenden Promotionsschrift liegt im methodologischen Vorgehen. Mittels einer konfirmatorischen Faktorenanalyse der Ergebnisse der Studienteilnehmerinnen und -teilnehmer kann gezeigt werden, wie sich das Lösen, das Normieren sowie das Umstellen von Gleichungen als Anwendungen von Äquivalenzumformungen empirisch trennen lassen. Dies stellt eine wichtige und grundlegende Erkenntnis zum Lehren und Lernen dieses Begriffs dar, welcher in weiteren Untersuchungen nun verallgemeinert werden kann, um daraus Schlüsse für Lehr- und Lernstrategien abzuleiten.

Durch das gewählte Forschungsdesign und methodisch-strukturierte Vorgehen wird von Herrn Noster ein bemerkenswerter Beitrag zur Theorie-Praxis-Verknüpfung geleistet. Neben den notwendigen theoretischen Grundlagen zum Gleichungslösen wird auch ein geeignetes Testinstrument entwickelt und evaluiert. Es gelingt durch die Einbeziehung „sprachwissenschaftlicher Ansätze" nicht nur mathematisch inhaltlich zu arbeiten, sondern v.a. das Individuum in den Fokus der Aufmerksamkeit und Untersuchung zu rücken. Die Innovation der vorliegenden Arbeit ist aber nicht nur auf methodischer Ebene zu identifizieren, in dem die gewählte Vorgehensweise neu strukturiert und verständlich dargestellt wird, sondern ist insbesondere auch darin zu erkennen, dass der Einfluss der Operationalisierung auf die Ergebnisse der quantitativen Analyse ausführlich diskutiert werden.

Würzburg   Hans-Stefan Siller
im September 2023

Danksagung

Die Zeit, in der ich diese Arbeit als Doktorand an der Julius-Maximilians-Universität Würzburg verfasste, war in vielerlei Hinsicht eine bewegte. Daher möchte ich an dieser Stelle jenen Personen danken, die mich über diese Jahre hinweg begleitet haben. Ohne sie wäre die Arbeit nicht jene geworden, die sie nun ist.

Beginnen möchte ich bei den drei Betreuern der Dissertation. Prof. Dr. Guido Pinkernell prägte mich und meine wissenschaftliche Laufbahn nicht zuletzt dadurch, dass er mich bereits während meines Studiums an der Pädagogischen Hochschule in Heidelberg an die Mathematikdidaktik heranführte und meine Begeisterung für die Forschung weckte. Den Impuls, mich im Rahmen meiner Dissertation mit Algebra zu beschäftigen, verdanke ich Prof. Dr. Hans-Georg Weigand, wodurch meine Schwerpunktsetzung auf Äquivalenzumformungen erfolgte. Als drittes danke ich Prof. Hans-Stefan Siller, dem Hauptbetreuer dieser Arbeit. Er unterstützte mich in allen Belangen bei der Umsetzung meines Vorhabens, was insbesondere in kritischen Momenten von besonderem Wert war. Den stets kritischen und wertschätzenden Umgang, den wir miteinander pflegen, erachte ich als äußerst wertvoll und gewinnbringend.

Außerdem möchte ich mich bei meinen Kolleginnen und Kollegen aus meiner Zeit als wissenschaftlicher Mitarbeiter für die konstruktiven Diskussionen bedanken. Ein besonderer Dank gilt Stephan, mit dem ich, insbesondere in der initialen Phase, im regen Austausch stand. Sebastian danke ich für die Impulse im Bereich der methodischen Umsetzung. Darüber hinaus weiß ich die kritischen Beiträge von Nina und Katharina sehr zu schätzen.

Den vielleicht wichtigsten Beitrag und damit auch den größten Dank hat Anne verdient, die mich nicht nur von Anfang an in meinem Vorhaben unterstützte, sondern auch während der letzten Jahre durchweg motivierte die Arbeit fortzuführen und entsprechende Freiräume geschaffen hat, um der Forschung nachgehen zu können. Noras und Frieders Rolle darf an dieser Stelle nicht unerwähnt bleiben, da sie stets für ausreichend Ablenkung sorgen und mich an die Freuden außerhalb der Forschung erinnern.

Ein besonderer Dank gilt Stephanie und Sabine für den Blick als Außenstehende auf die Arbeit. Darüber hinaus danke ich allen, die an dieser Stelle nicht namentlich erwähnt wurden.

Zuletzt bleibt nur noch einer Person zu danken – mir selbst. Danke.

Inhaltsverzeichnis

Einleitung

Gleichungen sind als Ausdrucksmittel in der Mathematik äußerst nützlich und finden vielfältig Anwendung. Sie begleiten Schülerinnen und Schüler durch ihre gesamte mathematische Laufbahn. In der Primarstufe werden Gleichungen zwar nicht notwendigerweise als solche bezeichnet, aber zur Durchführung von Rechnungen bzw. Beschreibung von Rechenaufgaben genutzt. Später werden mit ihnen auch Gesetzmäßigkeiten oder Rechenregeln ausgedrückt. Sie können aber auch zur Beschreibung von Realsituationen in Modellierungskontexten herangezogen werden. Spätestens in der Sekundarstufe werden (formal) Variablen in Gleichungen eingeführt. Dies ist bspw. an bayerischen Realschulen in Klasse 6 der Fall (Staatsinstitut für Schulqualität und Bildungsforschung [ISB], 2023a), was unter anderem erlaubt Funktionen symbolisch zu beschreiben. Diese Liste zum Einsatz von Gleichungen ist bei weitem nicht vollständig. Es zeigt sich jedoch, dass Gleichungen vielfältig Anwendung finden.

Der Gleichungsbegriff ist nicht nur mit Blick auf die Anwendung interessant, sondern auch aus theoretischer Perspektive, was sich daran zeigt, dass weiterhin ein Diskurs hierzu besteht. So geht Horst Hischer in seinem 2020 erschienenen Buch „Studien zum Gleichungsbegriff" der Frage „Was ist eigentlich eine Gleichung?" nach. Dabei scheint es, als würde die Frage nach der Gleichung als eigenständiger Begriff eine eher untergeordnete Rolle spielen (Hischer, 2021a). Ähnlich scheint es sich mit der Äquivalenz von Gleichungen zu verhalten, die zunächst unproblematisch wirkt, bei genauerem Hinsehen dennoch diskussionswürdig ist (Hischer, 2021b). Im Rahmen einer von Oldenburg (2016) angestoßenen Diskussion fällt auch der Begriff der Äquivalenzumformung, mittels welcher die Äquivalenz von Gleichungen begründet werden kann (Hischer, 2021b; Oldenburg, 2016) und so einen Teil zur Diskussion der Äquivalenz von

N. Noster, *Deutungen und Anwendungen von Äquivalenzumformungen*, Studien zur theoretischen und empirischen Forschung in der Mathematikdidaktik, https://doi.org/10.1007/978-3-658-43280-5_1

Gleichungen beiträgt. Während die beiden Begriffe miteinander verwoben scheinen, plädiert Hischer (2021b) dafür den Begriff der Äquivalenz von Gleichungen nicht in der Schulmathematik einzuführen, jedoch die Umformungen, die zu äquivalenten Gleichungen führen, schon.

Nun können berechtigterweise Nutzen und Bedeutung der eben angerissenen Diskussionen für den Schulalltag in Frage gestellt werden. Denn diese scheinen so weit unproblematisch, als dass diese Begriffe rund um Gleichungen nicht intensiv eigenständig diskutiert werden und zum Teil auch keine explizite Anwendung in der Schule finden sollen (wie z.b. die Äquivalenz von Gleichung). Dem ist entgegenzuhalten, dass es im Kontext von Gleichungen und insbesondere dem Lösen von Gleichungen, was auch Teil der Bildungsstandards ist (Kultusministerkonferenz, 2022), durchaus Untersuchungen gibt (u.a. Zell 2019). Darunter finden sich auch Veröffentlichungen, die sich mit dem Lösen durch Umformen von Gleichungen widmen (u.a. Kapon et al., 2019; Vlassis, 2002). Otten, Heuvel-Panhuizen & Veldhuis (2019) untersuchten in ihrem systematischen Review (systematic literature review), wie das Modell einer Waage zum Verständnis des Lösens linearer Gleichungen beitragen kann. Dabei wurden nach einem Auswahlverfahren 34 Artikel genauer untersucht, mit der Erkenntnis, dass das Waage-Modell zwar simpel scheint, in der Anwendung im Unterricht dennoch komplex ist. Weitere systematische Untersuchungen scheinen notwendig, um Effekte des Unterrichts mit dem Waagemodell auf die Fertigkeit des Lösens linearer Gleichungen ableiten zu können (Otten et al., 2019). Dabei ist die Fokussierung auf die Waage als Modell insofern interessant, als dass es sich hierbei um ein Modell für Gleichungen handelt, mittels welchem sich insbesondere auch Äquivalenzumformungen veranschaulichen lassen (Malle, 1993; Sill et al., 2010; Vlassis, 2002; Webb & Abels, 2011).

Neben dem Waagemodell, das an späterer Stelle intensiver diskutiert wird (siehe Abschnitt 4.2), deutet sich an, dass Äquivalenzumformungen und das Lösen von Gleichungen in Beziehung zueinander stehen. Kapon et al. (2019) verstehen nach Kieran (1992) unter der Fähigkeit lineare Gleichungen lösen zu können, im Wesentlichen das Anwenden eines Standardalgorithmus, der daraus besteht, auf beiden Seiten das Gleiche zu tun. Diese Auffassung des Lösens von Gleichungen rückt Äquivalenzumformungen, die im schulischen Kontext häufig als Regeln beschrieben werden, indem Operationen auf beiden Seiten der Gleichung durchgeführt werden, stark in den Vordergrund (siehe Kapitel 3, Abschnitt 4.2).

Gleichungen sind in der Mathematik und im Mathematikunterricht nahezu allgegenwärtig und werden mit einer gewissen Selbstverständlichkeit genutzt. Dabei sind der Gleichungsbegriff im Allgemeinen und damit verbundene Themen wie die Äquivalenz oder Äquivalenzumformungen durchaus diskussionswürdig. Das wirft die Frage auf, ob diese wirklich so selbstverständlich genutzt werden sollten. Von Bedeutung für den Mathematikunterricht ist der Begriff der Äquivalenzumformung, welcher für das Lösen von Gleichungen eine besondere Rolle spielt, weshalb auf diesem der Fokus der vorliegenden Arbeit liegt.

Lösen von Gleichungen

Das Lösen von Gleichungen und Äquivalenzumformungen werden häufig gemeinsam betrachtet (Vlassis, 2002; Halloun & Tabach, 2019). Dies könnte den Eindruck erwecken, dass diese Begriffe synonym verwendbar sind. Daher wird im Folgenden das Lösen von Gleichungen diskutiert, um die Beziehung zum Begriff der Äquivalenzumformungen und die Frage nach der Rolle von Äquivalenzumformungen für das Lösen zu klären. Dieser Diskurs ist insbesondere von Bedeutung, als dass sich hieraus Schlüsse über die Übertragbarkeit von Ergebnissen von Studien zum Lösen von Gleichungen auf Äquivalenzumformungen ziehen lassen.

Arens et al. (2015) verstehen das Lösen von Gleichungen als „umformen, sodass die Lösungsmenge direkt ablesbar ist" (S. 58). Allerdings können Gleichungen auch ohne Umformung gelöst werden, indem beispielsweise systematisch Werte für die Variable eingesetzt werden, um die Lösung zu ermitteln (Tabelle 2.1). Daher erscheint eine allgemeinere Definition des Lösens von Gleichungen notwendig. Allgemein kann unter dem Prozess das Ermitteln der Lösungsmenge einer Gleichung verstanden werden (Walz et al., 2017b). Hier schließt sich die Frage nach dem Begriff der Lösungsmenge an, der zentral für die Definition ist.

Um die Frage nach der Lösungsmenge zu beantworten, werden zunächst Gleichungen betrachtet. Gleichungen, deren Terme ausschließlich aus Zahlen bestehen, stellen Aussagen dar. Diese können sich hinsichtlich ihres Wahrheitsgehaltes unterscheiden und entweder wahr oder falsch sein. Beispielsweise stellt die Gleichung $3 = 2 + 1$ eine wahre und $3 = 1 + 1$ eine falsche Aussage dar. Die Einordnung erfolgt auf Basis der (Nicht-)Gleichwertigkeit der Zahlterme links und rechts des Gleichheitszeichens (Steinweg, 2013). Anders verhält es sich bei

N. Noster, *Deutungen und Anwendungen von Äquivalenzumformungen*, Studien zur theoretischen und empirischen Forschung in der Mathematikdidaktik, https://doi.org/10.1007/978-3-658-43280-5_2

Gleichungen, die Variablen enthalten. Diese können nicht ohne weiteres als wahre oder falsche Aussagen bewertet werden. Dies hängt davon ab, welche Werte die Variable einnimmt. Wird in die Gleichung $3 + x = 5$ für x beispielsweise die Zahl eins eingesetzt, so entsteht eine falsche Aussage, für die Zahl zwei hingegen eine wahre Aussage. Vor diesem Hintergrund lässt sich die Lösung einer Gleichung als „Zahl, die beim Einsetzen zu einer wahren Gleichung oder Ungleichung führt" (Vollrath & Weigand, 2007, S. 242) definieren. Die Zahlen, die eingesetzt werden dürfen, werden als Grundmenge beschrieben. Die Lösungsmenge ist die „Menge *aller* Lösungen einer Gleichung" (Vollrath & Weigand, 2007, S. 242). Wird diese Definition der Lösungsmenge in die obige allgemeinere Definition zum Lösen von Gleichungen eingesetzt, dann wird darunter die Bestimmung der Menge aller Lösungen einer Gleichung verstanden. Anders ausgedrückt, gilt es all jene Werte der auftretenden Variable(n) zu ermitteln, für die eine gegebene Gleichung eine wahre Aussage darstellt. Die Frage, auf welchem Wege die Lösungsmenge bestimmt wird, spielt hierbei zunächst keine oder zumindest nur eine untergeordnete Rolle.

Für das Lösen von Gleichungen steht, auch für den Mathematikunterricht, eine Vielzahl an Verfahren zur Verfügung. Kieran (1992) benennt sieben unterschiedliche Kategorien, nach denen sich die Lösungsmethoden von Schülerinnen und Schülern unterscheiden lassen (Tabelle 2.1). Sill et al. (2010) benennen acht verschiedene Verfahren zum Lösen von Gleichungen im Mathematikunterricht (Tabelle 2.1).

Tabelle 2.1 Auflistung unterschiedlicher Verfahren zum Lösen von Gleichungen

Kieran, 1992, S. 400	Sill et al., 2010
• use of number facts • use of counting techniques • cover-up • undoing (or working backwards) • trial-and-error substitution • transposing (that is Change Side–Change Sign) • performing the same operation on both sides	• Einfaches oder systematisches Probieren • Veranschaulichung von Gleichungen bzw. Ungleichungen auf einer Zahlengeraden • Zerlegen von Zahlen und Termen in Summen, Differenzen und Produkte • Verwenden der Umkehroperation bzw. Umkehrfunktion • Vergleichen von Zählern und Nennern bei Verhältnisgleichungen • Verwenden von Definitionen und Sätzen • Grafisches Lösen von Gleichungen, Ungleichungen und Gleichungssystemen • Lösen durch Umformung

Die beiden Aufzählungen weisen Gemeinsamkeiten auf. So entspricht das „undoing (or working backwards)" dem Verwenden der Umkehroperation; die „trial-and-error substituion" dem einfachen oder systematischen Probieren. Die beiden Listen ergänzen sich außerdem, so dass einzelne Verfahren nur in einer der beiden Listen genannt werden (bspw. cover-up, grafisches Lösen von Gleichungen, Veranschaulichung von Gleichungen bzw. Ungleichungen auf einer Zahlengeraden). Mitunter gemeinsam haben die beiden Aufzählungen, dass sie das Lösen durch Umformung beinhalten, was bei Sill et al. (2010) explizit genannt wird. In Kierans (1992) Auflistung wird dies differenzierter als Durchführung derselben Operation auf beiden Seiten („performing the same operation on both sides") und Verschiebung von Termen von einer zur anderen Seite einer Gleichung mittels Rechenzeichenwechsels („transposing / Change Side–Change Sign") aufgeführt (Kapitel 3; Abschnitt 4.2 für eine vergleichende Diskussion dieser beiden Umformungsarten). Es zeichnet sich also ein uneinheitliches und vielfältiges Bild über die konkreten Verfahren zum Lösen von Gleichungen ab.

Das Lösen durch Umformen scheint einen besonderen Stellenwert einzunehmen, da das Lösen von Gleichungen trotz der vielfältigen Lösungsmöglichkeiten häufig auf dieses reduziert wird. Dies geschieht bspw. in der Studie von Kapon et al. (2019) oder in den Ausführungen von Kirsch (1987), der das etwas abstrakter fasst und im Rahmen der Gleichungslehre darunter das „Beschreiben der Lösungsmenge durch eine äquivalente Aussageform, aus der die Lösungsmenge leichter ablesbar ist" (S. 109), versteht. Arens et al. (2015) gehen so weit, dass sie Äquivalenzumformungen als das „wichtigste Werkzeug zum Lösen von Gleichungen" (S. 57) betiteln. Äquivalenzumformungen scheinen daher eine gewisse Sonderstellung zuzukommen, was mitunter daran erkenntlich wird, dass sie als formale Methode bezeichnet werden (Kieran, 1992; Star, 2005). In Abgrenzung hierzu werden die anderen von Kieran (1992) genannten Methoden (Tabelle 2.1), mit Verweis auf Petitto (1979), als intuitive Methoden bezeichnet.

Sill et al. (2010) grenzen das Lösen durch Umformen von den anderen oben genannten Verfahren (Tabelle 2.1) ab. Letztere werden als „Möglichkeiten zum inhaltlichen Lösen" (Sill et al., 2010, S. 32) gelistet. Darunter wird „das Lösen ohne Verwendung von algorithmisch-kalkülmäßigen Verfahren" (Sill et al., 2010, S. 32) verstanden. Infolgedessen scheint es sich bei dem Lösen durch Umformen um ein „algorithmisch-kalkülmäßiges" und routiniertes Verfahren zu handeln, was sich mit der Auffassung von Kapon et al. (2019) deckt. Was von Sill et al. (2010) unter „algorithmisch-kalkülmäßig" im Detail verstanden wird, geht aus den Ausführungen nicht hervor. Allgemein kann „algorithmisch" als „einem Algorithmus folgend" (Duden, 2023a) verstanden werden. Ein Algorithmus ist ein „automatisierbares Verfahren, welches einen Input zu einem Output verarbeitet. Diese

Verarbeitung geschieht 1. in endlich vielen Schritten, von denen jeder in endlicher Zeit zu einem Abschluss kommt, (Forderung nach Endlichkeit) und 2. so, dass jeder Schritt aus einer präzisen, unmissverständlichen und unzweideutig formulierten Anweisung besteht (Forderung nach Determiniertheit)" (Barth, 2013, S. 8). Demnach könnte ein Algorithmus für Gleichungen der Art $a \cdot x = c$ (Input) als Division der Zahl c durch a gesehen werden, wobei der Output $\frac{c}{a}$ entspricht. In ähnlicher Weise ließen sich auch andere Verfahren zur Lösung anderer linearer Gleichungen formulieren. Es ist anzumerken, dass der Schritt vom Input hin zum Output unterschiedlich begründet werden kann. Es kommen sowohl Umformungen im Sinne von „Change Side–Change Sign", als auch von „performing the same operation on both sides" in Frage. Weiterhin kann die Verwendung der Umkehroperation oder auch eine Veranschaulichung auf einer Zahlengeraden herangezogen werden. Daher scheint die Zuschreibung von Umformungen als „algorithmisch" nicht ausreichend, um ein Alleinstellungsmerkmal von Äquivalenzumformungen zu rechtfertigen. Allerdings nutzen Sill et al. (2010) diesen Begriff in Kombination mit „kalkülmäßig", was möglicherweise Aufschluss gibt.

Die symbolische Algebra kann als Kalkül, von dem die von Sill et al. (2010) genutzte Formulierung „kalkülmäßig" abstammen dürfte, gesehen werden, da sie als eigenständiges Zeichensystem funktioniert (Hefendehl-Hebeker & Rezat, 2015). Vor diesem Hintergrund ist das Alleinstellungsmerkmal des Lösens durch Anwendung von Äquivalenzumformungen am ehesten darauf zurückführbar, dass es sich um die Anwendung von Regeln aus der symbolischen Algebra handelt (Kapitel 3). Sill et al. (2010) verstehen unter formalen bzw. syntaktischen Arbeiten „die rein schematische Anwendung der formalen Regeln zur Arbeit mit algebraischen Ausdrücken. Es geht um die formale und möglichst automatisierte Abarbeitung von Algorithmen analog zur Arbeit eines CAS. Die entsprechenden Ausdrücke werden als formale Zeichen bzw. Zeichenreihen aufgefasst" (S. 6). Das legt nahe, dass algorithmisch-kalkülmäßige sowie formale Verfahren synonym verstanden werden können. Dies deckt sich damit, dass das formale bzw. syntaktische Arbeiten vom inhaltlichen bzw. semantischen Arbeiten abgegrenzt wird und das inhaltliche Lösen vom algorithmisch-kalkülmäßig Verfahren (Sill et al., 2010). Zudem wird auch von anderen Autoren, wie oben beschrieben, das Lösen durch Umformen als formales Verfahren in Abgrenzung zu anderen – hier als inhaltlich betitelt – gesehen. Hieraus ergibt sich ein Bild, bei dem das Umformen von Gleichungen als formales Lösungsverfahren sämtlichen anderen inhaltlichen oder intuitiven Verfahren gegenübersteht (Tabelle 2.2).

Tabelle 2.2 Kategorisierung der von Sill et al. (2010) genannten Lösungsverfahren als inhaltliche bzw. formale Verfahren

Formale Lösungsmethoden	Inhaltliche Lösungsmethoden
• Lösen durch Umformung	• Einfaches oder systematisches Probieren • Veranschaulichung von Gleichungen bzw. Ungleichungen auf einer Zahlengeraden • Zerlegen von Zahlen und Termen in Summen, Differenzen und Produkte • Verwenden der Umkehroperation bzw. Umkehrfunktion • Vergleichen von Zählern und Nennern bei Verhältnisgleichungen • Verwenden von Definitionen und Sätzen • Grafisches Lösen von Gleichungen, Ungleichungen und Gleichungssystemen

Eine solche pauschale Kategorisierung der Verfahren in inhaltliche und formale Lösungsverfahren scheint, wenn die ausführende Person berücksichtigt wird, allerdings nur bedingt zutreffend. Zell (2019) versteht das inhaltliche Lösen als Gegenstück zur Anwendung von Routinen. Eine Routine wiederum stellt eine „durch längere Erfahrung erworbene Fähigkeit, eine bestimmte Tätigkeit sehr sicher, schnell und überlegen auszuführen" (Duden, 2023b) dar und verdeutlicht, dass es sich hierbei um das Ergebnis eines Übungsprozesses handelt, das individuell erarbeitet werden muss. Eine Person, die geübt im grafischen Lösen von Gleichungen ist, kann durchaus in der Lage sein, das Verfahren routiniert und einem bestimmten Schema folgend (bspw. Behandlung als Schnittpunktproblem unter Zuhilfenahme eines Funktionenplotters) anzuwenden. Dadurch würde es nur noch bedingt in die Kategorie des inhaltlichen Lösens von Gleichungen fallen. Umgekehrt kann auch argumentiert werden, dass Schülerinnen und Schüler, die in Klasse 7 oder 8 Umformungsregeln für Gleichungen kennenlernen, noch nicht in der Lage sind, diese auch routiniert anzuwenden, sodass diese im Sinne der Definition als inhaltliches Verfahren gedeutet werden können. Erfahrungen im Sinne einer Routine, die Einzelne im Umgang mit den Verfahren haben, können sich darauf auswirken, ob eine Lösungsmethode als „inhaltlich" oder „formal" kategorisiert werden kann. Daher ist die Frage, ob eine Gleichung formal oder inhaltlich gelöst wurde, unter Einbeziehung des Individuums zu diskutieren. Darüber hinaus ist das inhaltliche Lösen von Gleichungen in Abhängigkeit der gegebenen Aufgabe zu betrachten (Zell, 2018). Inhaltliches Lösen von Gleichungen findet dann statt, wenn die Person beim Lösen der Aufgabe ein klares Verständnis der gegebenen Situation hat, indem Eigenschaften und Beziehungen wahrgenommen,

Symbole interpretiert und theoretisches Wissen genutzt wird, um die jeweilige Aufgabe zu lösen (Zell, 2019). Das heißt, bei der Frage zur Einordnung nach inhaltlichem und formalem Lösungsverfahren ist der gesamte Kontext einzubeziehen. Dieser beinhaltet nicht nur die Aufgabe, sondern insbesondere auch den aktiven Lösungsprozess, welcher wiederum vom Individuum abhängig ist.

Ungeachtet dessen, dass die Zuordnung von Lösungsverfahren in inhaltliches und formales Lösen von Gleichungen nicht zwangsläufig eindeutig ist, bietet der Begriff des inhaltlichen Lösens einen Mehrwert. Denn unter dem Lösen von Gleichungen ist nicht zwangsläufig ein formales Verfahren zu verstehen, sondern auch eine Art des Problemlösens, bei der verschiedene Verfahren als Heurismen dienen können, wenn formale Verfahren nicht bekannt oder vorhanden sind (Sill et al., 2010).

Wenngleich sich inhaltliches und formales Lösen von Gleichungen zu ergänzen scheinen, wirkt es so, als bestünde eine Ungleichheit hinsichtlich der Wertigkeit und Akzeptanz der beiden Verfahrenstypen. So plädieren Sill et al. (2010) dafür, dass inhaltliche Lösungsverfahren auch dann noch als Lösungsmöglichkeit anzusehen sind, wenn formale Methoden bekannt sind. Dadurch wird gleichzeitig impliziert, dass im Allgemeinen inhaltliche Verfahren nach der Einführung von algorithmisch-kalkülmäßigen Methoden nicht mehr als angemessen angesehen und/oder zugelassen werden. Weiterhin wird gefordert, dass Lernende versuchen sollen, jede Gleichung zunächst einmal inhaltlich zu lösen (Sill et al., 2010). Dadurch wird dem inhaltlichen Lösen Vorrang gegenüber einem formalen Lösen eingeräumt und eine Höherwertigkeit suggeriert. Allerdings scheint es erstrebenswert zum einen auf routinierte Verfahren zurückzugreifen und gleichzeitig auch in der Lage zu sein, inhaltliche Verfahren anwenden zu können, wenn kein formales Verfahren bekannt oder anwendbar ist. Es gibt sogar Hinweise darauf, dass Lernende, die sowohl formale als auch intuitive Verfahren nutzen und gegebenenfalls kombinieren, erfolgreicher beim Lösen von Gleichungen sind (Petitto, 1979, zitiert nach Kieran, 1992), was gewissermaßen für die Gleichstellung der beiden Verfahrenstypen hinsichtlich ihrer Wertigkeit spricht.

2.1   Zusammenfassung

In diesem Kapitel wurde zunächst das Lösen von Gleichungen als Prozess zur Ermittlung der Lösungsmenge (also all jener Werte, für die eine Aussageform in eine wahre Aussage übergeht) definiert. Hierfür kommt eine ganze Reihe von Verfahren in Frage, die unterschiedlich binär kategorisiert werden. Auffällig ist, dass das Lösen durch Umformen als formales, syntaktisches oder algorithmisch-kalkülmäßiges Verfahren allen anderen Verfahren gegenüberstehen zu stehen scheint. Daher kommt diesem Verfahren eine besondere Bedeutung zu, was nicht zuletzt daran erkenntlich wird, dass Äquivalenzumformungen als eines der wichtigsten Werkzeuge zum Lösen von Gleichungen betitelt werden. Der Frage, worum es sich bei diesen Umformungen handelt, wird im folgenden Kapitel nachgegangen.

Äquivalenzumformungen 3

Äquivalenzumformungen lassen sich als Umformungen einer Gleichung, die sich nicht auf die Lösungsmenge auswirken, definieren (Holey & Wiedemann, 2016; Tietze, 2019; Vollrath & Weigand, 2007; Walz et al., 2017c). Solche Umformungen umfassen unter anderem das beidseitige Verknüpfen von Zahlen gemäß der folgenden Regeln (Vollrath & Weigand, 2007):

„$a = b$ ist äquivalent zu $a + c = b + c$,

$a = b$ ist äquivalent zu $a - c = b - c$,

$a = b$ ist für $c \neq 0$ äquivalent zu $a \cdot c = b \cdot c$,

$a = b$ ist für $c \neq 0$ äquivalent zu $a : c = b : c$" (S. 245).

Der Vollständigkeit wegen sei erwähnt, dass Terme auch durch gleichwertige Terme ersetzt werden dürfen, was einer Substitution entspricht (Weigand et al., 2022). Wenn a äquivalent zu b ist, und es gilt $a = c$, dann ist die Gleichung Äquivalent zu $b = c$.

Während man sich mit Blick auf den Mathematikunterricht zum Teil auf das Verknüpfen von Zahlen beschränkt (Vollrath & Weigand, 2007), formulieren andere Autoren diese Regeln auch für die Verknüpfung von Termen (Holey & Wiedemann, 2016; Lauter & Kuypers, 1976; Sill et al., 2010; Tietze, 2019; Walz et al., 2017c). Hierbei ist jedoch zu beachten, dass den Gleichungen vor und nach der Umformung der gleiche Definitionsbereich zugrunde gelegt wird (Walz et al., 2017c), da durch das Verknüpfen von Termen auch Definitionslücken erzeugt werden können:

Ergänzende Information Die elektronische Version dieses Kapitels enthält Zusatzmaterial, auf das über folgenden Link zugegriffen werden kann https://doi.org/10.1007/978-3-658-43280-5_3.

$$x = 3$$

$$x + \frac{1}{x-3} = 3 + \frac{1}{x-3}$$

In diesem Beispiel wurde der Term $\frac{1}{x-3}$ auf beiden Seiten der Gleichung additiv verknüpft. Aus der Ausgangsgleichung ist bekannt, dass $x = 3$ ist. In der neu entstandenen Gleichung führt das Einsetzen des Zahlenwertes 3 für x zu einer Division mit 0. Daher weist die Bruchgleichung eine Definitionslücke an der Stelle 3 auf.

Weiterhin ist es möglich, dass durch die Verknüpfung eines Terms, der die Variable enthält, Lösungen hinzugewonnen oder verloren werden können:

$$x = 1$$

$$x^2 = x$$

In diesem Fall ist die einzige Lösung der oberen Gleichung die Zahl 1. Durch das beidseitige Multiplizieren der Variable x wird zudem die Lösung 0 hinzugewonnen.

Allgemein können Äquivalenzumformungen auch als die Anwendung derselben injektiven Funktion auf beiden Seiten einer Gleichung gefasst werden (Walz et al., 2017c; Weigand et al., 2022), was den Problemen der beiden vorangegangenen Beispiele begegnet. Die aus der Multiplikation der Variable x resultierenden Zuordnung von $x \to x^2$ verletzt die Eigenschaft der Injektivität, da $x = 2$ und $x = -2$ jeweils dem Termwert $x^2 = 2$ zugeordnet werden. Allerdings darf jedem Element der Zielmenge, gemäß der Injektivität, höchsten ein Wert zugeordnet werden. Die beidseitige Addition des Terms $\frac{1}{x-3}$ stellt eine Verletzung an die Zuordnung, im Sinne einer Funktion dar, da dem Termwert 3 in der Bruchgleichung kein Wert zugeordnet werden kann. Diese Probleme treten bei der Verknüpfung von Zahlen, gemäß der oben beschriebenen Regeln, nicht auf, da es sich hierbei um Anwendungen injektiver Funktionen handelt (Weigand et al. 2022). Daher muss diese Anforderung der Injektivität nicht explizit aufgeführt werden. Das könnte ein Grund sein, weshalb Vollrath & Weigand (2007) sich auf die Verknüpfung von Zahlen beschränken und bewusst auf Regeln für Terme verzichten, da damit „nur unnötiger Aufwand betrieben" (S. 246) wird. In der Schulpraxis ist aber eine Anwendung der Regeln auf Terme, wie in diesem Beispiel auf eine lineare Gleichung, nicht ungewöhnlich:

$$3x + 2 = 4x \qquad | - 3x$$

$$2 = x$$

Da bei der Anwendung der Umformungsregeln oft mit Termen und nicht ausschließlich mit Zahlen operiert werden muss, sprechen sich Sill et al. (2010) – im Gegensatz zu Vollrath & Weigand (2007) – dafür aus, die Gleichungen für Terme und nicht gesondert für Zahlen zu formulieren. Zudem ist hervorzuheben, dass Äquivalenzumformungen und somit die Umformungsregeln insbesondere dann für das Lösen von Gleichungen notwendig sind, wenn diese nicht mehr nur auf Zahlen, sondern auch auf Variablen angewendet werden müssen (Filloy, Puig & Rojano, 2008; Linchevski & Herscovics, 1996). Nun könnte der Einfachheit wegen argumentiert werden, dass die Variablen stellvertretend für Zahlen stehen und die Rechenregeln daher auch für diese gelten (Lauter & Kuypers, 1976). Dass dies nicht unproblematisch ist, zeigen die oben aufgeführten Beispiele zu den Gleichungen $x^2 = x$ und $x + \frac{1}{x-3} = 3 + \frac{1}{x-3}$. Daher ist bei der Verknüpfung von Termen Vorsicht geboten, was eine Beschränkung auf Zahlen der oben beschriebenen Umformungsregeln nahelegt. An diesem Diskurs zeigt sich, dass nicht notwendigerweise Einigkeit hinsichtlich der Regeln für den Mathematikunterricht besteht. Interessant erscheint in diesem Kontext die Frage nach der Umsetzung in der Praxis.

Um – zumindest in Ansätzen – einen Eindruck für die Schulpraxis zu gewinnen, werden Äquivalenzumformungen in Schulbüchern, als weitverbreitetes Medium im Mathematikunterricht, untersucht. Grundlage hierfür stellen 15 Schulbücher (von sechs Verlagen) aus den Jahren 2001 bis 2015 für den Mathematikunterricht dar, welche in der Bibliothek der Universität Würzburg zum Zwecke dieser Recherche zur Verfügung standen (siehe Anhang im elektronischen Zusatzmaterial). Hierbei wurden Bücher der Jahrgangsstufen sechs bis acht untersucht, da in diesen Schuljahren der Begriff der Äquivalenzumformung in der Regel thematisiert wird (ISB, 2023a, 2023b). Hierbei ist anzumerken, dass es lediglich darum geht, einen Eindruck zu gewinnen und die Menge der untersuchten Lehrwerke nicht repräsentativ ist.

In sieben der 15 Bücher werden die Umformungsregeln nicht nur für Zahlen, sondern auch mit Bezug auf Terme formuliert. Auffällig hierbei ist, dass lediglich das beidseitige additive Verknüpfen von Termen aufgeführt wird. Eine multiplikative Verknüpfung von Termen nennt keines der untersuchten Schulbücher. Sie beschränken sich in dem Fall auf Zahlen. Die verbleibenden acht Schulbücher formulieren Umformungsregeln für Gleichungen ausschließlich für Zahlen.

Es finden sich also nicht nur in der fachdidaktischen Literatur unterschiedliche Ausführungen zu Äquivalenzumformungen in Bezug auf Terme, sondern auch in Lernmaterialien für Schülerinnen und Schüler.

Ein uneinheitliches Bild in den Schulbüchern ergibt sich darüber hinaus auch für die Definition von Äquivalenzumformungen. Eine Definition setzt sich aus dem definierten Begriff und der zu definierenden Eigenschaft zusammen (Vollrath & Weigand, 2007). In neun von 15 der herangezogenen Lehrwerke wird der Begriff der Äquivalenzumformung genannt. In den anderen Fällen werden Äquivalenzumformungen als Umformungsoperationen oder als Regeln beschrieben, wobei die Bezeichnungen hier schwanken. Darunter finden sich Bezeichnungen wie Additions-/Subtraktions-/Divisions-/Multiplikationsregeln, Umformungsregeln oder einfach nur Umformung oder Rechenoperation. Anzumerken ist, dass elf von 15 Büchern im Rahmen der Umformungsregeln beschreiben, dass sich die Lösungsmenge nicht ändert, man eine äquivalente Gleichung erhält oder die zu definierende Eigenschaft anders umschreiben. In den verbleibenden vier Werken wird darauf verwiesen, dass die Regeln (im Lösungsprozess) angewendet werden dürfen, ohne weitere Ausführungen hierzu.

In den betrachteten Schulbüchern lassen sich nicht nur Unterschiede in der Verknüpfung von Termen, sondern auch hinsichtlich der Definition von Äquivalenzumformungen finden. Der zu definierende Begriff oder die definierende Eigenschaft sind nicht in jedem Fall benannt. Werden Äquivalenzumformungen darauf reduziert, was alle untersuchten Ausführungen der Lehrwerke beschreiben, dann wird hierunter allgemein das beidseitige Verknüpfen von Zahlen verstanden. Die Verknüpfungen werden stets in Form von Regeln beschrieben.

Zusammenfassend kann gesagt werden, dass weitestgehend ein Konsens darüber zu bestehen scheint, dass Äquivalenzumformungen solche Umformungen von Gleichungen sind, die sich nicht auf die Lösungsmenge auswirken. Allgemein kann festgehalten werden, dass es sich bei der Anwendung injektiver Funktionen um Äquivalenzumformungen handelt. Dabei scheint es unstrittig, dass das beidseitige Verknüpfen von Zahlen Äquivalenzumformungen darstellen. Anders verhält es sich mit der Verknüpfung von Termen, die nicht in jedem Fall genannt werden und, wie exemplarisch gezeigt, auch zu Problemen führen können, wenn diese Variablen enthalten. Die Umformungsregeln scheinen dabei einen hohen Stellenwert einzunehmen, da diese nahezu immer aufgeführt werden. Demgegenüber hat es den Anscheint, dass in der Praxis teilweise auf den Begriff der Äquivalenzumformung oder der zu definierenden Eigenschaft verzichtet wird. Daher kann die Frage aufgeworfen werden, ob die Diskussion von Äquivalenzumformungen als eigenständiger Begriff überhaupt sinnhaft erscheint, oder ob ein Zugang über Regeln ausreichen mag. Bevor dieser Frage nachgegangen wird, werden Äquivalenzumformungen als Regeln zum Umformen von Gleichungen diskutiert.

3.1 Äquivalenzumformungen als Regeln

Im vorangegangenen Abschnitt wurden verschiedene Quellen hinsichtlich ihrer Ausführungen zu Äquivalenzumformungen diskutiert. Dabei wurde herausgearbeitet, dass diese zum Teil als Regeln im Umgang mit Gleichungen gesehen werden. Die von Vollrath & Weigand (2007) dargelegten Regeln entsprechen im Wesentlichen den Regeln, die sich in den untersuchten Schulbüchern wiederfinden. Daher zeichnet sich hier ein eher einheitliches Bild mit Blick auf die Umformungsregeln ab, das darauf reduziert werden kann, dass auf beiden Seiten der Gleichung der gleiche Term (mit Einschränkungen) auf gleiche Weise verknüpft werden darf, oder anders gesagt, dass auf beiden Seiten der Gleichung ,dasselbe zu tun ist'.

Kieran (1992) führt, neben dem Durchführen von Operationen auf beiden Seiten, außerdem das Verschieben („transposing") bzw. den Seitenwechsel mittels Rechenzeichenwechsel („Change Side–Change Sign") an. Die zweite Art der Umformung von Gleichungen scheint im deutschsprachigen Raum weniger verbreitet zu sein. Sie findet sich aber auch in deutschsprachiger Literatur wieder und wird beispielsweise von Malle (1993) als Elementarumformungsregeln beschrieben, während die zuvor genannten Regeln von ihm als Waageregeln betitelt werden (Tabelle 3.1).

Tabelle 3.1 Elementarumformungsregeln auf der linken Seite und Waageregeln auf der rechten Seite aus Malle, 1993, S. 219 f.

$A + B = C \Leftrightarrow A = C - B$	$A = B \Leftrightarrow A + C = B + C$
$A \cdot B = C \Leftrightarrow A = C : B \, (B \neq 0)$	$A = B \Leftrightarrow A - C = B - C$
	$A = B \Leftrightarrow A \cdot C = B \cdot C \, (C \neq 0)$
	$A = B \Leftrightarrow A : C = B : C \, (C \neq 0)$

3.1.1 Gültigkeit von Umformungsregeln

Die Gültigkeit der bisher beschriebenen Umformungsregeln wurde bisher ohne Beleg angenommen. Um diese Lücke zu schließen, werden hierfür nachfolgend entsprechende Beweise geführt. Zu diesem Zweck wird der Zahlenraum der rationalen Zahlen $\mathbb{Q}$ als algebraischer Körper betrachtet (bspw. Kirsch, 1987; Vollrath & Weigand, 2007). Dementsprechend gelten die Axiome für Körper (Assoziativ-; Kommutativ-; Distributivgesetz; neutrale Elemente; inverse Elemente), die zum Teil als Gesetze betitelt werden (Kirsch, 1987).

3.1.1.1 Beweis der Waageregeln

Der Beweis der Waageregeln wird exemplarisch für die additive Variante ($a = b \Leftrightarrow a + c = b + c$) geführt, da die Beweise der verbleibenden Regeln analog geführt werden können. Hierzu werden die beiden Implikationen ($a = b \Rightarrow a + c = b + c$ und $a + c = b + c \Rightarrow a = b$) der Äquivalenz einzeln bewiesen.

Aus der Eindeutigkeit der Addition geht hervor, dass wenn $a = b$ und $c = c$ (mit $a, b, c \in \mathbb{Q}$) ist, dann gilt $a + c = b + c$ (Vollrath & Weigand, 2007). Da diese Aussage $a = b \wedge c = c \Rightarrow a + c = b + c$ sehr dicht an der Umformungsregel $a = b \Leftrightarrow a + c = b + c$ ist, wird der Beweis näher ausgeführt:

(0)	$a = a \wedge a = b \wedge c = c$	Voraussetzung
(1)	$a = a$	
(2)	$a + c = a + c$	Addition von c zu a, Eindeutigkeit der Addition
(3)	$a + c = b + c$	Ersetzen von a durch b, da $a = b$ (Voraussetzung)

Somit ist gezeigt, dass $a = b \Rightarrow a + c = b + c$ gilt.

Um die Äquivalenz der additiven Umformungsregel zu beweisen, muss jedoch auch die Rückrichtung gelten: Wenn $a + c = b + c$, dann $a = b$, wobei $a, b, c \in \mathbb{Q}$. Der Beweis kann so geführt werden (Kirsch, 1987, S. 70):

(1)	$a + c = b + c$	
(2)	$(a + c) + (-c) = (b + c) + (-c)$	Gemäß zuvor erläuterter Regel. Addition von $-c$ auf beiden Seiten von (1), wobei $-c$ das inverse Element zu c bezüglich Addition darstellt
(3)	$a + (c + (-c)) = b + (c + (-c))$	Anwendung des Assoziativgesetzes
(4)	$a + 0 = b + 0$	Da $-c$ das inverse Element bezüglich Addition zu c darstellt, gilt $c + (-c) = 0$ (Axiom bzgl. inverser Elemente)
(5)	$a = b$	$a + 0 = a$ und $b + 0 = b$ (Axiom bzgl. neutraler Elemente)

Da die beiden Aussagen $a = b \wedge c = c \Rightarrow a + c = b + c$ und $a + c = b + c \Rightarrow$ $a = b$ wahr sind, ist die Umformungsregel $a = b \Leftrightarrow a + c = b + c$ bewiesen. Wird die Subtraktion als Addition einer negativen Zahl betrachtet, so gilt dieser Beweis auch für die Umformungsregel bezüglich Subtraktion. Analog kann dieser Beweis für die Umformungsregel hinsichtlich multiplikativer Verknüpfungen geführt werden (Kirsch, 1987). Fasst man die Division als Multiplikation von inversen Elementen auf, so gilt der Beweis auch dafür. Da $a \cdot x = 0$ nur für $a \neq 0$ eindeutig lösbar ist, gilt die multiplikative Waageregel auch nur für Zahlen ungleich 0.

3.1.1.2 Beweis der Elementarumformungsregeln

Ähnlich zu den Waageregeln, wird der Beweis der Elementarumformungsregeln exemplarisch für die additive Regel ($a + b = c \Leftrightarrow a = c - b$) geführt, indem die beiden Implikationen ($a + b = c \Rightarrow a = c - b$ und $a = c - b \Rightarrow a + b = c$) einzeln betrachtet werden. Der Beweis der multiplikativen Elementarumformungsregel verläuft analog, weshalb auf diesen nicht im Detail eingegangen wird.

Um die additive Elementarumformungsregel zu belegen, ist zunächst zu zeigen, dass die Implikation $a + b = c \Rightarrow a = c - b$ (mit $a, b, c \in \mathbb{Q}$) gilt.

(0)	$a + b = c$	Voraussetzung
(1)	$(a + b) + (-b) = c + (-b)$	beidseitiges Verknüpfen des zu b bezüglich Addition inversen Elementes $-b$ gem. Waageregel
(2)	$a + (b + (-b)) = c + (-b)$	Anwendung des Assoziativgesetzes
(3)	$a + 0 = c + (-b)$	da $-b$ das inverse Element bezüglich Addition zu b darstellt, gilt $b + (-b) = 0$ (Axiom bzgl. inverser Elemente)
(4)	$a = c + (-b)$	$a + 0 = a$ (Axiom bzgl. neutraler Elemente)
(5)	$a = c - b$	Auflösung der Klammer gemäß der Konvention, dass die Addition einer negativen Zahl einer Subtraktion entspricht

Der Beweis der für $a = c - b \Rightarrow a + b = c$ mit $a, b, c \in \mathbb{Q}$ verläuft in diesem Fall ähnlich:

(0) $a = c - b$ Voraussetzung

(1) $a + b = (c + (-b)) + b$ beidseitiges Verknüpfen des zu $-b$ bezüglich
                                       Addition inversen Elementes b gem.
                                       Waageregel

(2) $a + b = c + ((-b) + b)$ Anwendung des Assoziativgesetzes

(3) $a + b = c + (b + (-b))$ Anwendung des Kommutativgesetztes

(4) $a + b = c + 0$ da $-b$ das inverse Element bezüglich Addition
                                       zu b darstellt, gilt $b + (-b) = 0$ (Axiom bzgl.
                                       inverser Elemente)

(5) $a + b = c$ $c + 0 = c$ (Axiom bzgl. neutraler Elemente)

Somit ist gezeigt, dass die Elementarumformungsregel $a + b = c \Leftrightarrow a = c - b$ gilt. Auf den Beweis für $a \cdot b = c \Leftrightarrow a = c : b$ mit $a, c \in \mathbb{Q}$ und $b \in \mathbb{Q}\backslash 0$ wird an dieser Stelle verzichtet, da dieser analog zum zuvor geführten Beweis verläuft. Allerdings ist dabei zu betonen, dass das Axiom bezüglich inverser Elemente hinsichtlich Multiplikation das Element 0 ausnimmt, da $a \cdot x = 1$ nicht eindeutig lösbar ist, wenn $a = 0$ ist. Damit kann auch die Einschränkung auf Zahlen verschieden zu 0 erklärt werden.

3.1.2 Waageregeln und Elementarumformungsregeln im Vergleich

Waageregeln und Elementarumformungsregeln wurden als zwei unterschiedliche Regelsätze von Äquivalenzumformungen beschrieben. Werden diese miteinander verglichen, so mögen die Elementarumformungsregeln vielleicht obsolet erscheinen, da sie als verkürzte oder besondere Form der Waageregeln betrachtet werden können (Kieran, 1988). Dies wird an folgendem Beispiel erläutert, bei welchem die Gleichung $a + b = c$ (wobei $a, b, c \in \mathbb{Q}$) einmal mittels Elementarumformungsregel und einmal mittels Waageregel nach a umgestellt wird:

Umformung mittels Elementarumformungsregel	Umformung mittels Waageregeln
(1) $a + b = c$	$a + b = c$
(2) $a = c - b$	$a + b - b = c - b$
(3)	$a = c - b$

Bei direkter Gegenüberstellung der Umformungen mittels Waage- und Elementarumformungsregeln, kann ein Unterschied hinsichtlich der Anzahl an Schritten erkannt werden. Bei Anwendung der Waageregeln ist, um von Zeile (2) zur Zielgleichung (3) zu gelangen, eine Termumformung notwendig. Streng genommen ist es zusätzlich nötig, das Assoziativgesetz sowie die Axiome bezüglich neutraler und inverser (s. o.) Elemente hinzuzuziehen. Ein solch kleinschrittiges Vorgehen dürfte für die Praxis wohl eher unüblich sein, so dass Zeile (2) auch bei Anwendung der Waageregeln übersprungen werden kann (Malle, 1993). Wird dieser Zwischenschritt übersprungen, dann entspricht das dem, was durch die Elementarumformungsregeln beschrieben wird, so dass die Elementarumformungsregeln als hinfällig oder verkürzte Waageregeln betrachtet werden können, wenngleich sie, durch das Auslassen des Zwischenschrittes, effizienter erscheinen mögen. Bei genaueren Betrachtungen lassen sich weitere Unterschiede zwischen diesen beiden Regelsätzen feststellen.

Beginnend mit eher oberflächlichen Merkmalen, lässt sich feststellen, dass sich die beiden Regelsätze in der Anzahl der Regeln unterscheiden. Für die Schulpraxis empfiehlt Malle (1993) Regelvarianten der Elementarumformungsregeln zuzulassen. Im Grunde sind die beiden oben beschriebenen Regeln jedoch ausreichend, während die Waageregeln vier Regeln umfassen. Letztere ließen sich auch auf zwei Regeln reduzieren, wenn die Subtraktion als additives Verknüpfen von additiv inversen Elementen bzw. Division als multiplikatives Verknüpfen von multiplikativ inversen Elementen betrachtet wird. Für die Schulpraxis hingegen könnte eine solche Zusammenfassung der Regeln eher eine zusätzliche Hürde schaffen, als dass sie Erleichterungen mit sich bringt.

Als weiteres Kriterium zum Vergleich, kann die Anzahl der Rechenzeichen herangezogen werden. Während in den Ausgangsgleichungen der Waageregeln kein Rechenzeichen auftritt, tritt in der Zielgleichung je ein Rechenzeichen auf beiden Seiten der Gleichung auf. Bei den Elementarumformungsregeln tritt in jeder Gleichung genau ein Rechenzeichen auf. In einem Gleichungspaar unterscheiden sich diese jedoch. Liegt in der Ausgangsgleichung ein „+" bzw. „·" vor, so steht in der zweiten zugehörigen Gleichung ein „−" bzw. ein „:". Dies kann in Anlehnung die Beschreibung „Change Sign" (Kieran, 1992) auch als Rechenzeichenwechsel beschrieben werden.

Es lassen sich außerdem Unterschiede hinsichtlich der Termstruktur der in den Regelsätzen auftretenden Gleichungen erkennen: Die Elementarumformungsregeln beziehen sich auf Gleichungen, die aus drei Termen bestehen (bspw. $a + b = c$). Dabei finden sich auf einer Seite der Gleichung zwei Terme und auf der anderen Seite der Gleichung einer. Bei den Waageregeln hingegen werden zwei Terme in der Ausgangssituation zugrunde gelegt, einer auf der linken Seite und einer auf der rechten Seite der Gleichung. Das mag vielleicht spitzfindig erscheinen, führt aber zu einem wesentlichen Unterschied mit Blick auf die möglichen Operationen.

Die Elementarumformungsregeln erlauben es mit den vorhandenen Bausteinen der Gleichungen zu operieren und limitieren die Handlungsmöglichkeiten. So lassen sich aus der Gleichung $a + b = c$ lediglich zwei Gleichungen folgern, nämlich $a = c - b$ sowie $b = c - a$. Dieser beschränkte Handlungsspielraum der Elementarumformungsregeln kann als Hinweis darauf aufgefasst werden, was zu tun ist (Malle, 1993).

Die Waageregeln hingegen erlauben das Verknüpfen neuer Elemente, die (noch) keine Bestandteile der Gleichung sind. Dadurch erzeugen Waageregeln einen deutlich größeren Handlungsspielraum, bieten aber gleichzeitig wenig bis keine Hinweise darauf, wie zu verfahren ist (Malle, 1993). Es lassen sich aus jeder Gleichung mittels Waageregeln endlos viele Gleichungen erzeugen.

Eine Analyse der Termstruktur ist zur Identifikation eines zielführenden Umformungsschrittes unumgänglich (Malle, 1993). Es kann als Vorteil gesehen werden, dass die Anwendung von Elementarumformungsregeln die unumgängliche Termstrukturanalyse explizit einfordert, da die Anwendbarkeit der Regel von der Termstruktur der zugrundeliegenden Gleichung abhängt (Malle, 1993). Bei den Waageregeln hingegen ist dies nicht der Fall oder scheint nicht notwendig, da bei jeder Gleichung die Terme so weit zusammengefasst betrachtet werden können, dass sie als $A = B$ interpretiert werden kann. Die Waageregeln können deshalb als *termneutral* und die Elementarumformungsregeln als *termrespektierend* beschrieben werden (Malle, 1993; Fischer, 1984).

Die Termneutralität ermöglicht es weitere Regeln zu formulieren. So lassen sich auf Basis der Waageregeln zwei Gleichungen miteinander verknüpfen $(A = B \land C = D \Leftrightarrow A = B \land A + C = B + D)$, was beispielsweise beim Lösen von Gleichungssystemen hilfreich ist. Auch für den Umgang mit quadratischen Gleichungen lassen sich nützliche Regeln ableiten $(A = B \Leftrightarrow A^2 = B^2,$ falls $A > 0$, $B > 0)$. Die Waageregeln bieten daher eine Grundlage für einen weiterführenden Umgang mit Gleichungen (Malle, 1993).

3.1.2.1 Waageregeln oder Elementarumformungsregeln?

Beim Vergleich von Waage- und Elementarumformungsregeln konnten verschiedene Unterschiede festgestellt werden, wobei die Termneutralität den gewichtigsten Unterschied darstellen dürfte. Diese ermöglicht es aus einer gegebenen Gleichung beliebig viele Gleichungen zu erzeugen und stellt eine geeignete Grundlage für weiterführende Regeln dar.

Bei der Betrachtung der beiden Regelvarianten dürfte die Frage hinsichtlich der Güte naheliegend sein: Sind die Waage- oder die Elementarumformungsregeln besser? Auf Grund der vorliegenden, eher mathematisch orientierten, Diskussion wäre man geneigt dazu, die Waageregeln vorzuziehen, da sie hinsichtlich der Handlungsmöglichkeiten mächtiger sind. Aus ihnen lassen sich mitunter die Elementarumformungsregeln ableiten, was letztere obsolet erscheinen lässt. Mit Blick auf die Schule betont Malle (1993) jedoch die Bedeutung der Elementarumformungsregeln. Zwar haben Waageregeln eine weitreichende Tradition in der Schule, dennoch scheinen Elementarumformungsregeln eher die Gedankengänge von Lernenden (bspw. beim Lösen von Gleichungen) widerzuspiegeln. Daher scheint es nur zweckmäßig, Elementarumformungsregeln im Diskurs zu berücksichtigen und nicht lediglich als Sonderform von Waageregeln abzutun. Malle (1993) spricht sich sogar dafür aus, Elementarumformungsregeln im Mathematikunterricht zu behandeln.

3.2 Umformungsregeln oder Äquivalenzumformungen?

Im vorangegangenen Diskurs wurde nicht unmittelbar zwischen Umformungsregeln und Äquivalenzumformungen als Begriff unterschieden. Dabei wurde auch nicht diskutiert, inwieweit diese Begriffe als synonym zu betrachten sind, sich ergänzen oder gegebenenfalls auch widersprechen.

Es gibt Veröffentlichungen, die den Anschein erwecken, den Begriff der Äquivalenzumformung zu meiden. So wird im Lexikon der Mathematik auf den Eintrag „Rechnen mit Gleichungen" verwiesen (Walz et al., 2017a). Unter diesem Eintrag wird der Begriff der Äquivalenzumformung nicht verwendet (Walz et al., 2017c). Stattdessen wird lediglich zwischen äquivalenten und nicht-äquivalenten Umformungen unterschieden, gefolgt von der Definition von Umformungsregeln. Durch die Einordnung unter dem Eintrag „Rechnen mit Gleichungen" wird zum einen die Anwendung von Äquivalenzumformungen (zum „Rechnen mit Gleichungen") hervorgehoben. Zum anderen verliert der Begriff durch den Verweis auf einen anderen Eintrag sowie den Verzicht des Begriffes der Äquivalenzumformung in gewisser Weise an Bedeutung. Das kann den Anschein erwecken, dass

Umformungsregeln vollkommen ausreichend sind und kein eigenständiger Begriff notwendig ist. Auch in mathematikdidaktischer Literatur finden sich Werke, die ohne den Begriff der Äquivalenzumformung auskommen und diesen vielleicht sogar meiden. So widmen Sill et al. (2010) eine Handreichung für Lehrkräfte dem „Arbeiten mit Variablen, Termen, Gleichungen und Ungleichungen" unter der Überschrift „Sicheres Wissen und Können". Darin finden sich vier Kapitel, die explizit Gleichungen behandeln. Eines davon widmet sich ausschließlich dem „Umformen und Umstellen von Gleichungen und Ungleichungen" (Sill et al., 2010). Der Begriff der Äquivalenzumformung (oder auch Äquivalenz) wird an keiner Stelle erwähnt. Stattdessen wird hier vereinzelt, ähnlich dem Lexikon der Mathematik, von äquivalenten Umformungen gesprochen (Sill et al., 2010).

Mit Blick auf die vorangegangenen Beispiele darf berechtigterweise die Frage gestellt werden, ob der Begriff der Äquivalenzumformung tatsächlich benötigt wird. Die einfache Antwort würde ja lauten, denn schließlich führen Vollrath & Weigand (2007) diesen als Teil des notwendigen Minimums an Begriffen in der Gleichungslehre an. Bedeutsamer für die Beantwortung nach der Notwendigkeit des Begriffs ist jedoch die Frage nach dem Mehrwert des Begriffs der Äquivalenzumformung gegenüber einem Satz von Regeln zum Umformen von Gleichungen.

3.2.1 Begriffsumfang

Wird der *Begriffsumfang*, d. h. die „Menge der Objekte, die unter einen Begriff fallen" (Vollrath & Weigand, 2007, S. 283), zum Vergleich herangezogen, so kann hier ein markanter Unterschied im Vergleich von Umformungsregeln und Äquivalenzumformungen als Begriff festgestellt werden. Bei der Definition von Umformungsregeln (siehe Abschnitt 3.1) in Bezug auf Zahlen, wie von Vollrath & Weigand (2007) vorgeschlagen, dürften strenggenommen keine Terme, die sich nicht auf Zahlen beschränken, verknüpft werden. Der Regelsatz müsste dann, wie Lauter & Kuypers (1976) es vorschlagen, ergänzt oder im Allgemeinen für Terme definiert werden. Darüber hinaus ist festzuhalten, dass sich weitere Regeln finden lassen, die zu äquivalenten Gleichungen führen. So formulieren Sill et al. (2010) die allgemeine Aussage, „wenn $x^2 = a$, $a > 0$ ist $|x| = \sqrt{a}$ " (S. 54), welche auch als Regel verwendet werden kann. Nach dieser können „Gleichungen durch Wurzelziehen auf beiden Seiten äquivalent umgeformt werden" (Sill et al., 2010, S. 54). Aus Malles (1993) Sicht spricht nichts dagegen weitere Regeln für den Unterricht zu formulieren, die über die genannten Regelsätze hinaus gehen. Er führt exemplarisch dieses Gleichungspaar

$\frac{A}{B} = \frac{C}{D} \Leftrightarrow A \cdot D = B \cdot C$ als „Hosenträgerregel" (S. 227) an. Sicherlich lassen sich hier weitere Regeln, die (in besonderen Fällen) zu äquivalenten Gleichungen führen, finden und definieren. Die Frage ist eher, ob eine solche Regelsammlung, ähnlich einer Formelsammlung, hilfreich ist, insbesondere wenn diese beginnt eine Vielzahl von Sonderfällen zu umfassen. In der Praxis scheinen die oben beschriebenen Waage- bzw. Elementarumformungsregeln zunächst ausreichend, da im Allgemeinen keine weiteren „Sonderregeln" aufgeführt werden (Kapitel 3).

Einfacher und gleichzeitig anspruchsvoller hinsichtlich des Begriffsumfangs, gestaltet es sich mit der Definition von Äquivalenzumformung als Umformungen, die die Lösungsmenge nicht verändern (Vollrath & Weigand, 2007). Diese umfassen alle oben aufgeführten Regeln sowie weitere Einzelfälle. So könnten auf Basis dieser Definition auch folgende Umformungen als Äquivalenzumformungen angesehen werden, wenngleich diese keinen nachvollziehbaren Zweck erfüllen:

$$x + 1 = x \qquad\qquad\qquad \sin(x) = 2$$

$$\Leftrightarrow x + 2 = x \qquad\qquad\qquad \Leftrightarrow x + 4 = x$$

Ein entscheidender Punkt an dieser Stelle ist, dass Regeln den Begriffsumfang klar festlegen und limitieren, während der Begriffsumfang der Definition von Äquivalenzumformungen offen ist. Die Definition bietet neben der definierenden Eigenschaft, dass Äquivalenzumformungen die Lösungsmenge nicht beeinflussen, keine weiteren Restriktionen. Gleichzeitig bietet sie wenig konkrete Anhaltspunkte zum Begriffsumfang, weshalb zusätzlich häufig auch Regeln aufgeführt werden (Holey & Wiedemann, 2016; Tietze, 2019; Vollrath & Weigand, 2007; Walz et al., 2017c).

Werden die Ansätze des Regelsatzes und der Definition getrennt betrachtet, so ergeben sich unterschiedliche Perspektiven mit Blick auf die Äquivalenz von Gleichungen. Werden Regeln angewendet, welche die Eigenschaft aufweisen die Lösungsmenge nicht zu verändern, kann auf Basis dieser argumentiert werden, dass zwei Gleichungen äquivalent zueinander sind. Oldenburg (2016) bezeichnet dies als Umformungsäquivalenz, die er wie folgt definiert: „Zwei Gleichungen (oder Terme) sind umformungsäquivalent, wenn sie durch eine Kette zulässiger Äquivalenzumformungen ineinander umgeformt werden können" (S. 11). Anders gesagt: Wenn Umformungsregeln (korrekt) auf eine Gleichung angewendet werden, dann ist das Resultat eine äquivalente Gleichung. Die Definition der Äquivalenzumformung bietet hingegen eine umgekehrte Sichtweise: Wenn zwei Gleichungen äquivalent sind, dann liegt eine Äquivalenzumformung vor,

denn eine Äquivalenzumformung ist eine Umformung, die sich nicht auf die
Lösungsmenge auswirkt. Dabei steht dann die Frage im Vordergrund, ob zwei
Gleichungen äquivalent sind. Eine Prüfung auf Umformungsäquivalenz zu diesem
Zwecke führt zunächst zu einem Zirkelschluss: Zwei Gleichungen werden auf-
grund einer Umformung als äquivalent angesehen, weshalb die Umformung eine
Äquivalenzumformung sein muss. Alternativ kann Äquivalenz auch auf anderem
Wege geprüft werden. Hierzu könnten die Lösungsmengen der einzelnen Gleichungen, durch Lösung mit Hilfe eines der in Kapitel 2 vorgestellten Verfahren,
bestimmt werden. Sind die Lösungsmengen identisch, so können die Gleichungen
als äquivalent angesehen werden (Kirsch, 1997). Zusätzlich können inhaltliche
Überlegungen dazu führen, dass zwei Gleichungen als äquivalent und die dazu-
gehörige Operation als Äquivalenzumformung eingestuft werden kann. Im Fall
der Gleichung $x + 1 = x$ kann zum Beispiel gefolgert werden, dass der Term
auf der linken Seite des Gleichheitszeichens stets größer ist als der rechte. Dies
ist, unabhängig von der Belegung der Variablen x, eine falsche Aussage. Daran
ändert sich auch nichts, wenn weitere positive Zahlen zur linken Seite der Gleichung addiert werden. Daher kann hier unter anderem die Addition von positiven
Zahlen auf der linken Seite der Gleichung, im Sinne der Definition von Vollrath &
Weigand (2007), als Äquivalenzumformung gesehen werden:

$$x + 1 = x$$

$$x + 2 = x$$

$$\ldots$$

$$x + n = x$$

Auf Basis ähnlicher Überlegungen lassen sich weitere Umformungsregeln finden,
die zu äquivalenten Gleichungen führen. Während sich im letzten Beispiel nachvollziehbare Umformungsregeln formulieren lassen (z. B. wenn in der falschen
Aussage $A = B$ gilt, dass $A > B$, dann dürfen beliebige positive Zahlen
zu A addiert werden), wird das im Beispiel des Gleichungspaares $\sin(x) =
2 \Leftrightarrow x + 4 = x$ abstrakter. Hier lassen sich neben der Variablen x kaum
noch Ähnlichkeiten zwischen den beiden Gleichungen wiederfinden. Die beiden
Terme links und rechts der Gleichungen sind ungleich und lassen sich durch

Belegung der Variablen nicht in eine wahre Aussage überführen. Eine mögliche Umformungsregel könnte also lauten, dass die Terme T_1 und T_2 als Teil widersprüchlicher Aussageformen, hier $T_1 = T_2$ mit $T_1 < T_2$, durch beliebige andere Terme ersetzt werden dürfen, solange der Widerspruch aufrecht erhalten bleibt. Nun kann man sich zurecht fragen, weshalb man solche Umformungen tätigen sollte und welchen Zweck diese Beispiele erfüllen. Denn Ausgangspunkt sind hier jeweils falsche Aussagen, die in andere falsche Aussagen überführt werden und keinen nennenswerten Informationsgewinn erbringen. Diese Beispiele sollen lediglich demonstrieren, welche Möglichkeiten die Definition von Äquivalenzumformungen als eigenständigen Begriff, wie sie bspw. Vollrath & Weigand (2007) anführen, bietet und wie weitreichend der Begriffsumfang hier gedeutet werden kann. Allerdings lassen sich Hinweise auf Anforderungen an Äquivalenzumformung finden, die den Begriffsumfang einschränken.

3.2.1.1 Umkehrbarkeit

Im Lehrbuch von Langemann & Sommer (2018) findet sich die Umkehrbarkeit als weitere Eigenschaft von bzw. Anforderung an Äquivalenzumformungen: „Allgemein kann man sagen, dass alle die Umformungen äquivalent sind, die man ohne Bedeutungsänderung umkehren kann" (Langemann & Sommer, 2018, S. 172).

Zunächst gilt es zu klären, was unter einer Bedeutungsänderung bzw. der Bedeutung zu verstehen ist. Gleichungen können mitunter genutzt werden, um Mengen (Teilmengen der Grundmenge bzw. die Lösungsmenge) zu beschreiben. Daher kann diese Menge bzw. Lösungsmenge als Bedeutung der Gleichung gesehen werden (Kirsch, 1987; siehe auch 4.2 Semantik). Folglich entspricht die Bedeutungsänderung einer Änderung der Lösungsmenge, was im Kern mit der zuvor diskutierten Definition von Äquivalenzumformungen übereinstimmt. Die Eigenschaft der Umkehrbarkeit ist hingegen eine Neuerung.

In diesem Kontext nennen Langemann & Sommer (2018) das Quadrieren als Gegenbeispiel einer Äquivalenzumformung, dessen Umkehrung sich als problematisch erweist. Im Beispiel $-3 \neq 3$ folgt aus dem jeweiligen Quadrieren der beiden Seiten die wahre Aussage $9 = 9$. Hier wird also eine zunächst falsche Aussage in eine wahre überführt. Hieran lässt sich auch zeigen, dass die Umkehrung durch „Wurzelziehen" (Potenzieren mit dem Kehrwert der zuvor durchgeführten Potenzierung), nicht zur ursprünglichen Aussage $-3 \neq 3$ führt, sondern zu $3 = 3$. Es lässt sich also nur eine Seite der Gleichung erfolgreich umkehren (Langemann & Sommer, 2018). Die Problematik bleibt auch mit Blick auf Aussageformen bestehen. Im Falle der Aussageform $x = -3$ führt das Quadrieren zu $x^2 = 9$ und das Potenzieren mit $\frac{1}{2}$ zu $x = 3$. Auch an dieser Stelle kann die

Sinnhaftigkeit der Umformungen kritisch hinterfragt werden. Das Beispiel soll lediglich dazu dienen, die Idee der Umkehrbarkeit zu erläutern.

Diese Idee der Umkehrbarkeit kann auch an dem zuvor genannten Gleichungspaar $x + 1 = x \Leftrightarrow x + 2 = x$ diskutiert werden. Die Lösungsmenge bleibt unverändert. Die Operation ist auch umkehrbar, ohne dass sie sich auf die Lösungsmenge auswirkt. Wurde beispielsweise auf einer Seite der Gleichung 1 hinzuaddiert (und führte zu einer äquivalenten Gleichung), so lässt sich ebendieser Wert gleichermaßen subtrahieren und man gelangt zur Ausgangsgleichung. Wird $\sin(x) = 2 \Leftrightarrow x + 4 = x$ als Umformung durch Substitution betrachtet, lässt sich diese auch umkehren, ohne dass sie sich auf die Lösungsmenge auswirkt. Die zusätzlich formulierte Anforderung der Umkehrbarkeit scheint daher keinen (nennenswerten) Mehrwert auf Äquivalenzumformungen als Begriff zu bieten.

3.2.1.2 Allgemeingültigkeit

In der oben bereits diskutierten Definition von Äquivalenzumformungen im Lexikon der Mathematik, werden äquivalente Umformungen abgegrenzt von nicht-äquivalenten Umformungen, die möglicherweise die Lösungsmenge beeinflussen (Walz et al., 2017c). Hervorzuheben ist hierbei das Wort ‚möglicherweise‘, das einen Anspruch auf die Gültigkeit der Regel erhebt. Demnach soll eine äquivalente Umformung in jedem Fall zu einer äquivalenten Gleichung führen bzw. in keinem Fall die Lösungsmenge beeinflussen. Es wird also der Anspruch der Allgemeingültigkeit impliziert, wobei dieser nicht näher erläutert wird. Eine naheliegende, damit verbundene Interpretation ist, dass die Umformung auf jede Gleichung anwendbar ist, ohne dass sie die Lösungsmenge verändert. Wird dieser Anspruch bspw. in der Definition von Vollrath & Weigand (2007) ergänzt, schränkt sich damit auch der Begriffsumfang in gewisser Weise ein. Mit Blick auf die Regeln bedeutet das nämlich, dass ausschließlich Zahlen (bei multiplikativen Verknüpfungen verschieden von Null) verknüpft werden dürfen. Wie diese beiden bereits oben diskutierten Beispiele zeigen, können sich sowohl additive als auch multiplikative Verknüpfungen von Termen auf die Lösungsmenge auswirken:

$$x + \tfrac{1}{x-3} = 3 + \tfrac{1}{x-3} \qquad x^2 = x$$
$$x = 3 \qquad\qquad x = 1$$

Das additive Verknüpfen von Termen wird zum Teil jedoch explizit in Schulbüchern (Kapitel 3) aufgeführt. Lauter & Kuypers (1976) legitimieren das additive Verknüpfen von Termen damit, dass jeder Term durch Zusammenfassen und Einsetzen von Zahlen in Variablen in eine Zahl übergeht, sodass für Terme an dieser Stelle dieselben Regeln wie für Zahlen gelten. Betrachten wir das linke Beispiel der Bruchgleichung, so kann argumentiert werden, dass die Ausgangsgleichung bereits die Grundmenge einschränkt. Die resultierende Gleichung $x = 3$ weist ebenso wenig eine Lösung auf wie der Vorgänger. Wird das Gleichungspaar jedoch in die entgegengesetzte Richtung betrachtet und ausgehend von der Gleichung $x = 3$ der Bruch $\frac{1}{x-3}$ auf beiden Seiten addiert, so wird eine Definitionslücke erzeugt bzw. eine Lösung verloren. Beinhaltet der additiv verknüpfte Term eine Division (mit Variable im Nenner), kann also auch das additive Verknüpfen von Termen problematisch sein.

Dass das multiplikative Verknüpfen von Termen keine Äquivalenzumformung darstellt, scheint unstrittig zu sein (Lauter & Kuypers, 1976; Vollrath & Weigand, 2007). Lauter & Kuypers (1976) begründen das mit folgendem Beispiel:

$$2x = 4$$

$$2x \cdot (x - 1) = 4 \cdot (x - 1)$$

Bei diesem Beispiel gewinnt die ursprüngliche Gleichung mit der Lösungsmenge $\mathcal{L} = \{2\}$ die Lösung 1 hinzu, sodass die untere Gleichung die Lösungsmenge $\mathcal{L} = \{2; 1\}$ aufweist. Umformungen, bei welchen Lösungen hinzugewonnen werden, werden häufig als Gewinnumformungen bezeichnet. Demgegenüber stehen Verlustumformungen als Umformungen, bei welchen Lösungen verloren werden (Vollrath & Weigand, 2007), wie im Beispiel oben bei der Division durch eine Variable.

Wird das oben beschriebene Kriterium der Allgemeingültigkeit, also dass sich Umformungen in keinem Fall auf die Lösungsmenge auswirken, als Eigenschaft von Äquivalenzformungen angesehen, so sind das additive wie auch das multiplikative Verknüpfen von Termen durchaus kritisch zu sehen und folglich auszuschließen. Das multiplikative Verknüpfen eines Terms, der die Variable beinhaltet, führt im Allgemeinen zur Vergrößerung der Lösungsmenge (Vollrath & Weigand, 2007). Beinhaltet der Term eine Division mit einer Variablen (bspw. $\frac{1}{x}$), so kann eine additive Verknüpfung sich auf den Definitionsbereich und somit auch auf die Lösungsmenge auswirken. Folglich wären beidseitige Verknüpfungen mit Termen, auf Grund des Kriteriums der Allgemeingültigkeit, nicht als Äquivalenzumformungen anzusehen. Alternativ müsste der Begriff des Terms in diesem Zusammenhang näher definiert werden und bspw. Terme, die Divisionen durch Variablen enthalten, in Form einer Einschränkung der

Umformungsregel ausgeschlossen werden. Zudem ist anzumerken, dass das multiplikative Verknüpfen von Zahlen dahingehend eingeschränkt ist, dass eine Multiplikation mit 0 nicht zulässig ist.

Ungeachtet dessen, ob das Kriterium der Allgemeingültigkeit als Eigenschaft von Äquivalenzumformung zu sehen ist oder nicht, kann anhand dessen eine Art Hierarchie mit Blick auf Umformungstätigkeiten beschrieben werden (siehe Abbildung 3.1).

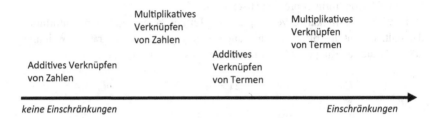

Abbildung 3.1 Zunahme notwendiger Einschränkungen zur Erfüllung des Kriteriums der Allgemeingültigkeit

Da das additive Verknüpfen von Zahlen ohne Einschränkungen auskommt, erfüllt dieser Umformungstyp das Kriterium am ehesten. Das multiplikative Verknüpfen von Zahlen erfordert die Einschränkung, dass die Zahlen verschieden von 0 sind. Anders verhält es sich im Umgang mit Termen. So sind beim additiven Verknüpfen von Termen Einschränkungen notwendig, sodass diese bspw. lediglich auf Summen (bzw. Differenzen) oder Produkten aus Zahl und Variable beschränkt werden, da hier im Allgemeinen keine Probleme verursacht werden. Problematisch wird es dann, wenn ein Quotient additiv verknüpft wird, bei welchem eine Variable im Nenner auftritt. Das multiplikative Verknüpfen von Termen hingegen ist auf Terme einzuschränken, die lediglich aus Zahlen bestehen (und keine Variablen enthalten), wobei anzumerken ist, dass die Sinnhaftigkeit der Regel bei solchen Einschränkungen durchaus in Frage zu stellen ist. Grundsätzlich stellt sich die Frage nach der Nutzbarkeit und Sinnhaftigkeit von Regeln, wenn diese mit einer nicht zu verachtenden Menge an Einschränkungen versehen sind. Zumal diese Regeln, insbesondere mit Blick auf Terme, diffizil handzuhaben und einer näheren Diskussion des Begriffs „Term" bedürfen, weshalb es hier bei einer eher qualitativen bzw. ordinalen Beschreibung hinsichtlich der Zunahme an Einschränkungen bleibt. Unabhängig von der Frage nach Einschränkungen und der Frage nach der Allgemeingültigkeit der Kriterien bleibt festzuhalten, dass Umformungen entlang der in Abbildung 3.1 beschriebenen Reihenfolge mit zunehmender Vorsicht zu nutzen und anzuwenden sind, da diese sich unter Umständen auf die Lösungsmenge auswirken können. Unproblematisch erscheint das Verknüpfen von Zahlen, wobei bei Multiplikationen lediglich darauf zu achten ist, dass die verknüpfte Zahl verschieden von 0 ist. Während es beim additiven Verknüpfen von Termen wohl eher die Ausnahme sein wird, dass sich die Umformung auf die Lösungsmenge auswirkt, ist es beim multiplikativen Verknüpfen von Termen (die die Variable enthalten) doch eher die Regel.

3.2.2 Regeln oder Definition – eine Frage der Perspektive?

Der Diskurs zum Begriffsumfang von Äquivalenzumformungen macht nicht nur deutlich, dass sich dieser im Vergleich zwischen Umformungsregeln und der Definition deutlich unterscheidet, sondern auch, dass hier zwei unterschiedliche Perspektiven zugrunde gelegt werden können.

Umformungsregeln, wie Waage- oder Elementarumformungsregeln, deren Gültigkeit belegt ist, lassen den Schluss zu, dass zwei Gleichungen äquivalent sind. Dadurch lassen sie sich beispielsweise zum Lösen von Gleichungen (durch Umformen) instrumentalisieren und stellen ein nützliches Werkzeug dar, da z. B. mittels dieser Umformungsregeln äquivalente Gleichungen erzeugt werden können.

Ein definitionsgeleiteter Ansatz (wie bspw. von Vollrath & Weigand, 2007) fasst nicht nur solche Umformungsregeln, sondern lässt eine weitere Perspektive zu. Da Äquivalenzumformungen als solche Umformungen definiert werden, die sich nicht auf die Lösungsmenge auswirken, können hierunter alle Umformungsaktivitäten gezählt werden, die diese definierende Eigenschaft erfüllen. Anstatt also wie bei den Umformungsregeln zu folgern, dass zwei Gleichungen äquivalent sind, weil sie gemäß den Regeln umgeformt wurden, kann auf Basis der Äquivalenz zwischen den Gleichungen gefolgert werden, ob es sich um Äquivalenzumformungen handelt oder nicht. Anders gesagt: Weil zwei Gleichungen äquivalent sind, wurde äquivalent umgeformt bzw. liegt eine Äquivalenzumformung vor. Diese Sichtweise erlaubt es, neben den typischen Umformungsregeln, weitere Umformungen als Äquivalenzumformungen, die beispielsweise nur in Einzelfällen und Sonderfällen zu Äquivalenzumformungen führen, zu klassifizieren. Daher repräsentiert die Definition von Äquivalenzumformungen hinsichtlich des Begriffsumfangs eine mächtigere Menge an Operationen als ein regelgeleiteter Satz wie Elementarumformungs- oder Waageregeln.

Vereinzelt lassen sich Hinweise auf Einschränkungen hinsichtlich des Begriffsumfangs finden. Die Umkehrbarkeit und die Allgemeingültigkeit der Umformungen als mögliche Ansprüche an Äquivalenzumformungen, führen potenziell
zu solchen Einschränkungen. Während die Umkehrbarkeit gezielt das Problem
des beidseitigen Potenzierens von Gleichungen aufgreift, existieren weitere Beispiele von Umformungen, welche zu äquivalenten Gleichungen führen (und
üblicherweise nicht von Umformungsregeln erfasst werden), die von diesem
Kriterium nicht eingeschränkt werden. Anders verhält es sich hinsichtlich der
Allgemeingültigkeit.

Hinsichtlich der Allgemeingültigkeit kann hinterfragt werden, inwieweit
Umformungsregeln überhaupt allgemeingültig anwendbar sein können. Das Operieren mit Zahlen selbst kommt mit einer Ausnahme (Multiplikation und Division
mit 0) ohne Einschränkungen aus. Das Operieren mit Termen gestaltet sich
hingegen diffiziler. In Termen auftretende Variablen können beispielsweise zu
Definitionslücken führen oder die Lösungsmenge verringern. Das heißt hinsichtlich der Allgemeingültigkeit wäre es ratsam Umformungsregeln auf das
Verknüpfen von Zahlen zu beschränken, wobei das Operieren mit Variablen in
der Praxis kaum zu vermeiden ist – zumal hier eine Stärke in der Anwendung
von Äquivalenzumformungen liegt.

Nun stellt sich die Frage, ob eine der beiden Perspektiven bevorzugt oder
vielleicht sogar gänzlich verworfen werden sollte. Mit Blick auf das Lösen von
Gleichungen (durch Umformen) ist es sicherlich hilfreich einen Satz an Regeln
zu haben, mit welchen man allenfalls zu äquivalenten Gleichungen gelangt.
Allerdings hat der oben geführte Diskurs zur Allgemeingültigkeit der Regeln
gezeigt, dass dies nur in begrenztem Umfang zu gewährleisten ist. In jenen Fällen, in welchen die Allgemeingültigkeit nicht gewährleistet werden kann (bspw.
beim multiplikativen Verknüpfen von Termen), ist die alternative Perspektive von
größerer Bedeutung, weshalb die Einbeziehung der Definition einen Mehrwert
bietet.

3.3   Zusammenfassung

In diesem Kapitel wurde der Begriff der Äquivalenzumformung diskutiert und
eine Analyse von bayerischen Schulbüchern durchgeführt. Dabei zeigen sich
Unterschiede darin, ob und wie der Begriff der Äquivalenzumformung genutzt
wird. Zum Teil wird der Begriff gänzlich gemieden und stattdessen deren Zweck
in den Vordergrund gestellt, indem vom „Rechnen mit Gleichungen" die Rede
ist oder Äquivalenzumformungen als „Regeln zum Lösen von Gleichungen"

umschrieben werden. Diese Tendenz kann als regelgeleiteter Zugang aufgefasst werden. In den Schulbüchern beschränkt sich dies im Allgemeinen auf die Waageregeln, während sich weitere Regeln finden und formulieren lassen. Ein alternativer Regelsatz wird durch die Elementarumformungsregeln beschrieben. Dieser weist Parallelen zu den Waageregeln auf und kann in Teilen als verkürzte Variante davon gesehen werden. Beim näheren Vergleich unterscheiden sie sich aber wesentlich in ihrer Anwendbarkeit. Elementarumformungsregeln beziehen sich auf die Struktur der Terme und erlauben die Umformung auf Basis der vorhandenen Terme. Waageregeln hingegen können unabhängig von der gegebenen Termstruktur einer Gleichung angewendet werden, indem neue Terme auf beiden Seiten verknüpft werden, anstatt sich auf die vorhandenen Terme zu beziehen. Diese Termneutralität hat zur Folge, dass deutlich mehr Gleichungen erzeugt werden können als mit den Elementarumformungsregeln.

Dadurch, dass sich die Gültigkeit von Waage- und Elementarumformungsregeln formal belegen lässt, können Gleichungen, die gemäß dieser Regeln umgeformt werden, als äquivalent betrachtet werden. Allerdings kann die Anwendung der Regeln im Umgang mit Termen problematisch sein und unter besonderen Umständen zu nicht äquivalenten Gleichungen führen. Hierbei gilt es zu berücksichtigen, inwiefern der Term den Wert 0 einnehmen kann und damit die Einschränkung hinsichtlich Multiplikation und Division mit 0 verletzt wird. Zudem sind Rahmenbedingungen wie Definitions- und Grundmenge für den Fall, dass eine Definitionslücke erzeugt oder unkenntlich gemacht wurde, zu berücksichtigen.

Dem regelgeleiteten Zugang steht ein Zugang zu Äquivalenzumformung über eine Definition als Umformung, die sich nicht auf die Lösungsmenge einer Gleichung auswirkt, gegenüber. Dies fasst zum einen die Umformungsregeln, bietet aber auch das Potenzial weitere Umformungen einzubeziehen, die nicht von diesen erfasst werden. Das können Regeln sein, die sich auf besondere Fälle beziehen (bspw. $\frac{1}{A} = \frac{1}{B} \Leftrightarrow A = B$). Grundlage für die Klassifizierung als Äquivalenzumformung ist, ob das Ergebnis der Umformung eine äquivalente Gleichung ist, was es zu prüfen gilt. Dies führt mit sich, dass die Menge der Operationen, die hierdurch möglich sind, größer ist als die, die durch einen Regelsatz beschrieben werden. Die Definition bietet außerdem die Möglichkeit Regeln und somit die Möglichkeiten zum Umgang mit Gleichungen zu erweitern, was von Experten der Praxis, wie Malle (1993) oder Sill et al. (2010), zum Teil auch nahegelegt wird. Dadurch wird das Umformen von Gleichungen nicht auf einen Satz an Regeln begrenzt, sondern kann im Laufe der Zeit beliebig erweitert werden.

Definition und Regeln scheinen sich hier gegenseitig zu ergänzen, weshalb dafür plädiert wird, sich weder auf das eine noch das andere zu beschränken, sondern sich die Vorteile beider Varianten zu eigen zu machen. Da aber in der Schulpraxis, abgeleitet aus der Schulbuchanalyse, eher ein regelgeleiteter Zugang im Vordergrund zu stehen scheint, wird dieser im weiteren Verlauf der Arbeit dem Begriff der Äquivalenzumformung zugrunde gelegt. Dies ergibt sich insbesondere daraus, dass diese Arbeit anstrebt, Erkenntnisse aus und für die Schulpraxis zu gewinnen.

4

Äquivalenzumformung unter Einbeziehung sprachwissenschaftlicher Ansätze

Bisher wurde der Begriff der Äquivalenzumformung eher stoffdidaktisch betrachtet. Allerdings sollte sich ein mathematikdidaktischer Diskurs nicht nur auf den Inhalt konzentrieren, sondern auch den Lernprozess bzw. den Lernenden berücksichtigen (Bruder et al., 2021). Zu diesem Zweck wird der Begriff der Äquivalenzumformung auf Sprachebene diskutiert werden, da Sprache und Denken eng zusammenhängen und sich häufig kaum trennen lassen (Beyer & Gerlach, 2018). Der Bezug zur Sprachebene hat sich in der Mathematikdidaktik als bedeutsam erwiesen (Kadunz, 2010). Ziel ist es hierbei zu prüfen, inwieweit sich Elemente der vorangegangenen stoffdidaktischen Analyse in der Sprachebene wiederfinden und ggf. neue Erkenntnisse gewinnen lassen.

Mit Blick auf die Algebra kann zwischen einer natürlichen Sprachkomponente und einer symbolischen Sprachkomponente unterschieden werden (Drouhard & Teppo, 2004; Jörissen & Schmidt-Thieme, 2015). Bei ersterer handelt es sich um Beschreibungen von Algebra mithilfe von Worten, wie zum Beispiel „Der Wert einer Zahl x wird stets verdoppelt". Da die Zusammensetzung der Aussage den Regeln der jeweiligen Sprache (hier Deutsch) folgt, ist es unstrittig, dass es sich hierbei um Sprache handelt. Weniger offensichtlich ist dies bei der Symbolsprache der Algebra. Anders als die natürliche Sprachkomponente, kommt die Symbolsprache, bspw. der Term $2a$, gänzlich ohne zusätzliche Sprache (wie Spanisch oder Deutsch) aus. Wird die Symbolsprache beherrscht, kann sie unabhängig von der Muttersprache des jeweiligen Lesers gelesen (und bestenfalls verstanden) werden. Drouhard & Teppo (2004) führen eine Vielzahl von Quellen an, die unabhängig voneinander zeigen, dass auch die Symbolsprache den Definitionen von Sprache genügt. Daher kann die Symbolsprache der Mathematik als eigenständige Sprache angesehen werden (Jörissen & Schmidt-Thieme,

N. Noster, *Deutungen und Anwendungen von Äquivalenzumformungen*, Studien zur theoretischen und empirischen Forschung in der Mathematikdidaktik, https://doi.org/10.1007/978-3-658-43280-5_4

2015). Diese Festlegung ermöglicht die Untersuchung algebraischer Symbolsprache auf verschiedenen linguistischen Ebenen, nämlich der Ebene der Syntax, der Semantik und der Pragmatik (Drouhard & Teppo, 2004). Daher werden Äquivalenzumformungen, die inhaltlich in der Algebra zu verorten sind, hinsichtlich dieser drei Ebenen untersucht und diskutiert werden.

4.1   Syntax

Die Syntax als wissenschaftliches Teilgebiet der Linguistik widmet sich der Struktur von Sätzen (Rothstein, 2018). Mit Blick auf Algebra (als Sprache) verstehen Drouhard & Teppo (2004) unter Syntax die Organisation und Umformung von Symbolen („organisation and transformation of symbols", S. 231). Umformungen von algebraischen Ausdrücken werden in der Mathematik eine besondere Bedeutung zugeschrieben, da sie beispielsweise beim Beweisen oder Lösen von Gleichungen ein wichtiges Werkzeug darstellen (Ernest, 1987). Die Organisation bzw. Anordnung der Symbole folgt syntaktischen Regeln, die bestimmte Kombinationen der Zeichen erlauben (Jörissen & Schmidt-Thieme, 2015).

Variablen, Operatoren, Zahlen etc. müssen in der Symbolsprache, analog zu Wörtern in Sätzen, in einer Abfolge angeordnet werden. Dieser Vorgang wird in der natürlichen Sprache, bei welcher die Wörter von links nach rechts angeordnet werden als *Linearisierung* bezeichnet (Rothstein, 2018). In der mathematischen Symbolsprache gilt es über die horizontale Achse hinaus auch die vertikale (bspw. bei Brüchen, wie $\frac{1}{x}$) oder auch diagonale Positionierung (bspw. bei Potenzen, wie x^2) zu berücksichtigen (Kirshner, 1989).

Die einzelnen Wörter eines Satzes stehen in Abhängigkeit zu anderen Wörtern, was als *Hierarchisierung* bezeichnet werden kann (Rothstein, 2018). Ähnlich verhält es sich in der mathematischen Symbolsprache, in der die einzelnen Teilterme in Abhängigkeit zu anderen Teiltermen innerhalb eines Ausdruckes stehen. Diese hierarchischen Beziehungen der Symbolsprache werden zum Teil explizit (bspw. durch Klammern), aber auch implizit dargestellt (Ernest, 1987). Letzteres basiert auf Konventionen bezüglich der zugrundeliegenden Operationen (bspw. „Punkt-vor-Strich-Regel"). Ein Teil der Beziehungen sind durch Zeichen gekennzeichnet (bspw. in $2 \cdot a + b$), andere wiederum sind weniger offensichtlich da es um die Positionierung der Zeichen geht. Die Funktionsterme der beiden Funktionen $f(x) = x^2$ und $f(x) = 2^x$ setzen sich jeweils aus den gleichen beiden Zeichen (2 und x) zusammen. Die Positionierung der Zeichen führt in diesem Beispiel dazu, dass unterschiedliche Abhängigkeiten der Zeichen untereinander bestehen und folglich auch unterschiedliche Funktionen beschrieben werden

(Ernest, 1987). Zur Veranschaulichung der hierarchischen Strukturen können sowohl in der Linguistik (Klabunde, 2018a), als auch der Mathematik(-didaktik) (Ernest, 1987; Vollrath & Weigand, 2007) Baumdiagramme genutzt werden. Durch sie lassen sich unter anderem auch die Veränderungen von Termstrukturen durch Anwendung von Assoziativ-, Distributiv-, Kommutativgesetz beschreiben (Ernest, 1987). Dies kann analog auf Äquivalenzumformungen übertragen werden (Abbildung 4.1). Es zeigt sich, dass Baumdiagramme als Analyseverfahren der Linguistik zur Untersuchung der Syntax auch auf Äquivalenzumformungen anwendbar sind.

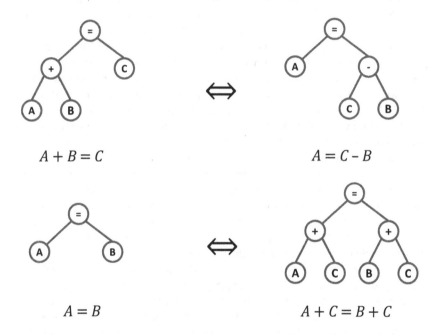

$$A + B = C \qquad\qquad A = C - B$$

$$A = B \qquad\qquad A + C = B + C$$

Abbildung 4.1 Darstellung der Strukturen einer exemplarischen Elementarumformungsregel (oben) sowie einer Waageregel (unten) mittels eines Baumdiagramms

Bei der Betrachtung der Symbolsprache als eigenständige Sprache, können Äquivalenzumformungen als Regeln (siehe Kapitel 3) betrachtet werden, die bspw. eine Umstrukturierung der vorhandenen Zeichen (Elementarumformungsregeln) oder das Hinzufügen bzw. Entfernen von Zeichen (Waageregeln) zulassen.

4.2   Semantik

Die Semantik ist der Teilbereich der Linguistik, der sich mit der Bedeutung von Ausdrücken beschäftigt (Klabunde, 2018a; Drouhard & Teppo, 2004). Zur Beschreibung und Definition von Bedeutung gibt es unterschiedliche Ansätze. Im Rahmen der Referenztheorie kann Bedeutung als „Verweis eines sprachlichen Ausdrucks auf Dinge und Sachverhalte in der Welt" (Klabunde, 2018a, S. 107) gesehen werden. Dabei sind „Dinge und Sachverhalte in der Welt" unabhängig von Personen, da sie auf tatsächlich Existierendes verweisen. Problematisch ist eine solche Ansicht vor allem dann, wenn etwas nicht in der Realität existiert, wie der Charakter eines Romans, welcher der Fiktion entstammt (Klabunde, 2018a). Mit Blick auf die Mathematik bedürfte es der Diskussion hinsichtlich der Existenz in der Welt. Mathematik ist zwar Teil unserer realen Welt, aber nur bedingt wahrnehmbar (Heymann, 2003). Ähnlich zu einem fiktiven Charakter kann die reale Existenz in Frage gestellt werden. Eine Erweiterung dieses Ansatzes der Referenztheorie begegnet Problemen dieser Art mit dem Begriff der Denotation, welcher „die Menge der potenziellen Referenten des Ausdrucks" (Klabunde, 2018a, S. 109) beschreibt. Die Denotation beschränkt sich dabei nicht mehr auf den Kontext der realen Welt, sondern lässt auch Verweise auf fiktive Dinge zu. Drouhard & Teppo (2004) nutzen Denotation, unter Verweis auf Frege, als Bedeutung. Demnach steht die Denotation algebraischer Ausdrücke bzw. Aussageformen für Funktionen, die Wahrheitswerte der zugehörigen möglichen Aussagen abbilden. Die Gleichung $5 = 3 + x$ beschreibt eine Funktion, die für den Wert 2 der Variable x „wahr" und alle anderen Werte von x Wahrheitswert „falsch" annimmt (Drouhard & Teppo, 2004). Nach Kirsch (1987) bestimmt eine Aussageform eine Teilmenge der Grundmenge, für die die Gleichung in eine wahre Aussage übergeht – die Lösungsmenge. Anstatt die Wahrheitswerte als Funktion zu beschreiben, genügt es die Menge, für die der Wahrheitswert „wahr" ist, anzugeben. Damit ist implizit auch abgebildet, in welchen Fällen der Wahrheitswert „falsch" ist. Im Sinne der Denotation werden so zwar nicht alle möglichen Wahrheitswerte als Referenten einer Gleichung dargestellt. Diese sind allerdings durch die Lösungsmenge (in Abhängigkeit der Grundmenge) eindeutig festgelegt und ohne größere Umstände ermittelbar. Auf Grund dessen und der Tatsache, dass vorrangig die Werte von Interesse sind, für die eine Aussageform in eine wahre Aussage übergeht, werden hier Lösungsmengen vereinfacht als Referent einer Gleichung betrachtet.

Diese Idee der Denotation der Menge aller möglichen Referenten zur Bedeutung einer Gleichung kann dann wiederum genutzt werden, um Äquivalenzumformungen zu betrachten. Hierzu wird das nachfolgende Beispiel herangezogen, bei welchem die Gleichung $3x = 3 + x$ schrittweise mittels Äquivalenzumformungen umgeformt wurde:

$$3x = 3 + x \quad \mathcal{L} = \left\{ \tfrac{3}{2} \right\}$$
$$2x = 3 \quad \mathcal{L} = \left\{ \tfrac{3}{2} \right\}$$
$$x = \tfrac{3}{2} \quad \mathcal{L} = \left\{ \tfrac{3}{2} \right\}$$

Da Äquivalenzumformungen angewendet wurden, ändert sich per Definition die Lösungsmenge nicht (siehe Kapitel 3). Daher teilen sich die drei Gleichungen die gleiche Lösungsmenge und verweisen damit auf die gleiche Menge. Im Umformungsprozess ändert sich demnach die Erscheinungsform der Gleichung, aber die Bedeutung im Sinne der Denotation wird aufrechterhalten. Eine Umformung könnte vor diesem Hintergrund also auch als eine Handlung definiert werden, die einen neuen Ausdruck erzeugt, aber die Bedeutung bzw. die Menge aller möglichen potenziellen Referenten beibehält. Dies wiederum entspricht im Kern der Definition von Äquivalenzumformung als Umformung einer Gleichung, die die Lösungsmenge nicht verändert.

Die Idee der Denotation deutet auf die Tragfähigkeit der Analyse eines mathematischen Begriffs im (pseudo-)linguistischen Rahmen hin. Allerdings beschränkt sich die Semantik der Linguistik nicht auf die Referenztheorie oder die Idee der Denotation als Bedeutung, sondern bietet auch folgende Definition:

„Bedeutungen von sprachlichen Ausdrücken sind mentale Repräsentationen von Sachverhalten, den sog. Konzepten. Konzepte können als Einheiten im Gedächtnis abgerufen werden, oder sie werden situativ konstruiert." (Klabunde, 2018a, S. 109)

Während die zuvor diskutierte Denotation die subjektive Perspektive nur indirekt einbezieht, indem sie alle potentiellen Referenten berücksichtigt, wird das Subjekt in der Definition von Klabunde (2018) stärker hervorgehoben, da Bedeutungen als Informationen des Gedächtnisses (eines Menschen) konstruiert und/oder abgerufen werden. Diese Einheiten des Gedächtnisses werden in der Definition als Konzepte betitelt. Das Konzept wiederum bezeichnet das Wissen rund um ein Objekt. Es legt fest, worauf ein bestimmtes Zeichen verweisen kann und ist somit Element der Denotation (Klabunde, 2018a). Geht es beispielsweise um Vierecke, so ist es naheliegend einen Punkt, einen Kreis oder eine Gerade als potenzielle Referenten auszuschließen, da diese nicht genau vier Ecken aufweisen. Auch Wissen um ein Objekt hilft dem bzw. der Einzelnen die Bedeutung zu erschließen. Das könnte mitunter ein Grund sein, weshalb das von Tall & Vinner (1981) geprägte „Concept Image" als Annäherung an kognitive Strukturen (Konzepte) Gegenstand mathematikdidaktischer Untersuchungen ist (bspw. Feudel & Biehler, 2021; Noster et al., 2022).

Der Begriff der mentalen Repräsentation entstammt der Kognitionspsychologie (Griesel et al., 2019) und beschreibt die Repräsentation von Objekten oder Wissen durch ein kognitives System (Seel, 2003). Dabei kann zwischen enaktiver, ikonischer oder symbolischer Form der Repräsentation unterschieden werden (Lorenz, 2017; Seel, 2003), was Aufschluss über die Art der mentalen Repräsentation gibt.

In der Mathematikdidaktik sind Grundvorstellungen als „mentale Repräsentationen mathematischer Objekte und Sachverhalte" (Griesel et al., 2019, S. 128) etabliert. Gemäß dieser Definition inkorporieren Grundvorstellungen die Idee mentaler Repräsentationen der Kognitionspsychologie und bewegen sich daher zwischen Mathematik und Psychologie (Griesel et al., 2019). Da sich die vorliegende Arbeit im Bereich der Mathematikdidaktik versteht und somit in diesem Feld zwischen Mathematik und Psychologie liegt, werden im Folgenden Grundvorstellungen als mathematikspezifische Grundvorstellungen herangezogen und mit Blick auf Semantik diskutiert.

Während in der zuletzt genannten Definition von Bedeutungen keine klare Trennung zwischen Konzepten und mentalen Repräsentationen stattfindet, setzen Greefrath et al. (2016) Konzepte als Concept Image in Beziehung zu Grundvorstellungen als mentale Repräsentationen. Hierbei stellen mentale Repräsentationen bzw. Grundvorstellungen Teile eines Konzeptes dar. Ein Konzept kann daher auch mehrere Grundvorstellungen enthalten. Zunächst wird die Idee der Grundvorstellung diskutiert, bevor diese in Relation zu dem Concept Image als Konzept gesetzt wird.

4.2.1 Grundvorstellungen

Eine erste Annäherung von Grundvorstellungen als mentale Repräsentationen, die sich auf mathematische Inhalte beziehen (Griesel et al., 2019) wurde bereits im vorangegangenen Abschnitt thematisiert. Da Grundvorstellungen einen „genuinen

Bestandteil der deutschen Mathematikdidaktik" (Griesel et al., 2019, S. 130) darstellen, wird dieser Begriff auch mit Blick auf die Bedeutung für das Lernen und Lehren diskutiert. Grundvorstellungen werden zuerst allgemein und insbesondere mit Blick auf ihre Rolle diskutiert, bevor Bezug auf Äquivalenzumformungen genommen wird.

4.2.1.1 Grundvorstellungen als Mittel der Begriffsbildung

Grundvorstellungen können im Kontext der Begriffsbildung betrachtet werden, in welchem ihnen ein vermittelnder Charakter zugeschrieben wird. Sie setzen Mathematik mit Erfahrungskontexten der Lernenden in Beziehung (vom Hofe, 1995). Sie beschreiben „Beziehungen zwischen Mathematik, Individuum und Realität" (vom Hofe, 1995, S. 98), wobei anzumerken ist, dass Grundvorstellungen einen dynamischen Charakter aufweisen. Sie entwickeln oder verändern sich und können durch andere Grundvorstellungen ergänzt werden (vom Hofe, 1995). Einer der Hauptgründe dafür, dass Grundvorstellungen ein Bestandteil der Mathematikdidaktik darstellen, ist ihre besondere Bedeutung für die Begriffsbildung, was anhand der folgenden drei Punkte erläutert wird:

– *„Sinnkonstituierung eines Begriffs durch Anknüpfung an bekannte Sach- oder Handlungszusammenhänge bzw. Handlungsvorstellungen,*
– *Aufbau entsprechender (visueller) Repräsentationen bzw. „Verinnerlichungen",* *die operatives Handeln auf der Vorstellungsebene ermöglichen,*
– *Fähigkeit zur Anwendung eines Begriffs auf die Wirklichkeit durch Erkennen der entsprechenden Struktur in Sachzusammenhängen oder durch Modellieren des Sachproblems mit Hilfe der mathematischen Struktur."* (vom Hofe, 1995, S. 97–98)

4.2.1.2 Grundvorstellungen als Deutungen – universelle und individuelle Grundvorstellungen

Der erste Punkt betont den sinnstiftenden Charakter von Grundvorstellungen, der auch Bestandteil der Definition von Greefrath et al. (2016b) ist. Nach dieser ist „eine *Grundvorstellung* zu einem mathematischen Begriff eine inhaltliche Deutung des Begriffs, die diesem Sinn gibt" (S. 17). In ähnlicher Weise definieren vom Hofe & Roth (2023) Grundvorstellungen als „anschauliche Deutungen eines mathematischen Begriffs, die diesem Sinn geben und Verständnis ermöglichen" (S. 4). Mit diesen Definitionen lösen sich die jeweiligen Autoren von der Bindung an die Begriffsbildung, ohne die Relevanz für diesen Prozess auszuschließen. Stattdessen rücken sie die Grundvorstellung als Deutung in den Vordergrund, wie es auch Griesel et al. (2019) tun, wenn sie Grundvorstellungen als „mentale Repräsentationen mathematischer Objekte und Sachverhalte" (S. 128) beschreiben. Hieraus ergeben sich zwei Perspektiven, nämlich, *1) Grundvorstellungen als Mittel der Begriffsbildung* (vom Hofe, 1995) oder *2) Grundvorstellungen als Deutungen* (Greefrath et al., 2016; vom Hofe & Roth, 2023). Mit Blick auf die Definition von Bedeutungen erscheinen Grundvorstellungen als Deutungen die geeignetere Wahl. Durch die Loslösung vom Lernprozess entsprechen sie eher der Idee der mentalen Repräsentation. Grundvorstellungen als Mittel der Begriffsbildung sind insbesondere für die Begründung im Lehr-/Lernkontext von Bedeutung.

Die Unterscheidung zwischen Grundvorstellungen als Deutung und als Mittel der Begriffsbildung wird auch in den Arbeiten von vom Hofe (1992) berücksichtigt. Er unterscheidet zwischen einer deskriptiven und einer normativen Ebene. Die normative Ebene umfasst Grundvorstellungen, welche von mathematischen Inhalten abgeleitet werden und von Lernenden aufgebaut werden sollen. Die deskriptive Ebene hingegen rückt das Individuum als Konstrukteurin/Konstrukteur ihres bzw. seines eigenen Wissens in den Vordergrund und beschreibt, welche Deutungen und Vorstellungen es bereits erfasst. In ähnlicher Weise differenzieren Greefrath et al. (2016b) den Begriff der Grundvorstellungen aus und unterscheiden zwischen *universellen Grundvorstellungen,* die auf der normativen Ebene und *individuellen Grundvorstellungen,* welche auf der deskriptiven Ebene zu verorten sind.

4.2.1.3 Grundvorstellungen und Realitätsbezug – primäre und sekundäre Grundvorstellungen

Zur inhaltlichen Deutung von mathematischen Begriffen können sowohl konkrete bzw. reale Objekte als auch mathematische Begriffe herangezogen werden (Greefrath et al., 2016b). Dies führt zur Unterscheidung zwischen primären und sekundären Grundvorstellungen. Erstere stellen eine Verbindung zwischen der realen Welt und Mathematik dar. Zweitere verbinden neue mathematische Begriffe mit bestehenden mathematischen Begriffen und Vorstellungen. Diese Unterscheidung erinnert an die oben geführte Diskussion zur Referenztheorie und Denotation (Abschnitt 4.2) und verdeutlicht, dass nicht nur die reale Welt als sinnstiftend wirken kann. Auch Erfahrungen im Umgang mit abstrakten, mathematischen Begriffen kann den Zweck der Sinnstiftung erfüllen. Dadurch wird insbesondere die Beziehung zwischen Mathematik und Individuum hervorgehoben, während Realität durch sekundäre Grundvorstellungen etwas an Gewicht verliert bzw. die Realität weiter gefasst wird, indem Sachzusammenhänge im Sinne mathematischer Zusammenhänge einbezogen werden. Unabhängig von der

Interpretation von Realität und Sachzusammenhängen kann hervorgehoben werden, dass Grundvorstellungen auf mathematischen Zusammenhängen aufbauen können und nicht zwangsläufig mit Erfahrungen aus dem Alltag in Verbindung gebracht werden (müssen).

4.2.1.4 Entwicklung von Grundvorstellungen

Vom Hofe (2003) nutzt die Begriffe der primären und sekundären Grundvorstellungen in ähnlicher Weise. Primäre Grundvorstellungen, welche an konkreten Handlungsvorstellungen anknüpfen und auch aus der Vorschulzeit stammen können, werden im Mathematikunterricht zunehmend durch sekundäre Grundvorstellungen ergänzt (vom Hofe, 2003). Hierbei weisen Grundvorstellungen einen dynamischen Charakter auf, da sie sich im Laufe der Zeit entwickeln und in ein mentales Begriffsnetz eingebunden sind. Kleine, Jordan & Harvey (2005) verdeutlichen die Veränderung an folgendem Beispiel zur Multiplikation von Zahlen. Wird eine natürliche Zahl a mit einer anderen natürlichen Zahl b multipliziert, so ist das Ergebnis eine natürliche Zahl c mit der Eigenschaft $c > a$. Dadurch kann die Vorstellung aufgebaut werden, dass die Multiplikation eine Zahl stets vergrößert. Ist der Faktor b hingegen kleiner 1, so ist diese Vorstellung nicht mehr zutreffend, da für das Produkt c gilt: $c < a$. . Mit der Erweiterung des Zahlenbereichs der natürlichen Zahlen muss/müssen die Vorstellung(en) zur Multiplikation ergänzt werden. Zudem gilt es eine Vorstellung dazu aufzubauen, was in jenen Fällen eintrifft, die diese Bedingung nicht erfüllen. Zur (Grund-)Vorstellung von Multiplikation gehört dann, dass eine Zahl durch Multiplikation mit einem Faktor größer 1 „vergrößert" und bei einem Faktor kleiner 1 „verkleinert" wird. Eine Weiterentwicklung der Vorstellung ist für den Fall, dass einer oder beide Faktoren einer Multiplikation negativ sind, notwendig. Anhand dieses Beispiels werden drei Charakteristika (Kleine, Jordan & Harvey, 2005) von Grundvorstellungen deutlich:

– Grundvorstellungen beziehen sich auf *einzelne strukturelle und funktionale Aspekte* eines mathematischen Inhaltes.
– Grundvorstellungen entwickeln und verändern sich durch Erfahrungen im Laufe der Zeit und stellen somit *dynamische Objekte* dar.
– Grundvorstellungen sind *Teil eines mentalen Netzwerkes* aus (Grund-) Vorstellungen, welche miteinander in Beziehung stehen.

Folglich sollten in der Diskussion um Grundvorstellungen diese drei Eigenschaften berücksichtigt werden, indem das repräsentierende Spezifikum eines mathematischen Begriffs als ein Teil verstanden wird, der in Wechselbeziehung zu anderen Grundvorstellung zu ebenjenem Begriff steht und eventuell bestehende Grundvorstellungen ergänzt und ggf. angepasst werden müssen.

4.2.1.5 Modelle zur Veranschaulichung von Äquivalenzumformungen

Zur Erfüllung der sinnstiftenden Funktion sollen Grundvorstellungen an bekannten Zusammenhängen aufgezeigt und (visuelle) Repräsentationen aufgebaut werden (vom Hofe, 1995). Hierzu können Modelle von Gleichungen herangezogen werden, anhand welcher Operationen durchgeführt werden können, die den Äquivalenzumformungen entsprechen. Dabei ist anzumerken, dass ein Modell nicht notwendigerweise den Begriff gänzlich repräsentieren muss (Stachowiak, 1973) und Grundvorstellungen sich auf einzelne Aspekte eines Begriffs beschränken können (Kleine, Jordan & Harvey, 2005). Sowohl Modelle wie auch Grundvorstellungen beziehen sich daher auf einzelne Teilbereiche eines Begriffs bzw. Inhaltes.

Es gibt eine Vielzahl an Modellen für Gleichungen, wobei nicht alle zum Zweck haben, Äquivalenzumformungen darzustellen. So wird beispielsweise der Tauschhandel benutzt, um die Idee der Substitution zu vermitteln. Die Tauziehmetapher (4 Ochsen sind so stark wie 5 Pferde) wird dazu genutzt algebraische Denkweisen auszubilden und wertunabhängige Argumentationen zu führen (im Gegensatz zur Bestimmung von konkreten Zahlenwerten von Variablen) (Webb & Abels, 2011; Kindt et al., 2010). Im Folgenden werden zunächst Modelle diskutiert, die den Zweck verfolgen Operationen im Sinne von Äquivalenzumformungen zu veranschaulichen. Hierbei sind insbesondere zwei Modelle von Bedeutung: das Streckenmodell zur Veranschaulichung der Elementarumformungsregeln sowie das Waagemodell, das namensgebend für die Waageregeln ist (Malle, 1993). Darüber hinaus wird ein Flächenmodell vorgestellt, welches Äquivalenzumformungen auf Gleichungen, in welchen die Variable auf beiden Seiten der Gleichung auftritt, veranschaulicht (Filloy, Puig & Rojano, 2008). Abschließend wird Bezug auf das Tauschhandelsmodell genommen und erläutert, inwieweit sich dieses auch für Äquivalenzumformungen eignet.

4.2.1.5.1 Streckenmodell

Zur Veranschaulichung von Elementarumformungsregeln können Terme als Strecken dargestellt werden (Malle, 1993), wobei die Gleichwertigkeit der Strecken durch die gleiche Länge der Strecken ausgedrückt wird (Abbildung 4.2).

Abbildung 4.2
Darstellung der Gleichung
$A + B = C$ durch Strecken

Durch geeignete Anordnung der Strecken scheint es für den geübten Betrachter fast nicht nötig, die Strecke B auf der Strecke C abzutragen, um zu erkennen, dass die so resultierende Strecke (C verkürzt um B) der Länge der Strecke A entspricht (Abbildung 4.3). Hieraus ergibt sich unter der Voraussetzung $A + B = C$, dass $A = C - B$ gilt. Die Gültigkeit der hier beschriebenen Beziehungen kann zusätzlich geprüft werden, indem die Längen einzelner Strecken tatsächlich gemessen und verglichen werden. Durch die Wahl anderer Längen für die Strecken A und B (und somit auch für C) können unterschiedliche Variationen erzeugt werden. Das Streckenmodell kann weiter abstrahiert werden, indem das Zeichnen umgangen wird und stattdessen (andere) Zahlenwerte für die Längen eingesetzt werden, um die Gültigkeit der Aussagen an einzelnen Beispielen zu prüfen. Der Zusammenhang zwischen $A + B = C \Leftrightarrow A = C - B$ sollte zudem aus der Arithmetik bekannt sein (Malle, 1993) und erfährt als Umkehraufgabe ($7 - 3 = 4$ ist eine Umkehraufgabe zu $4 + 3 = 7$) Einzug in den Unterricht der Primarstufe (Kieran, 1988).

Abbildung 4.3
Darstellung der Gleichung
$A = C - B$ durch Strecken

4.2.1.5.2 Flächenmodell

Filloy, Puig & Rojano (2008) greifen mit ihrem geometrischen Modell (original „geometric model") auf Flächen zurück, um Gleichungen der Art $Ax + B = Cx$ umzuformen, wobei A, B, C natürliche Zahlen darstellen und $C > A$ gilt. Dem Umgang mit der Variablen wird eine besondere Rolle zugeschrieben, was sich in der Termstruktur widerspiegelt. Sie ist anders geartet als bei den zuvor betrachteten Gleichungstypen und Regeln. Um die Rolle der Variablen und der Operation(en) auf der Variablen zu betonen, wird diese dezidiert ausgewiesen.

Terme repräsentieren in diesem Modell Flächen von Rechtecken, wobei Faktoren eines Terms als Seitenlänge des Rechtecks dargestellt werden (Abbildung 4.4). Bemerkenswert ist, dass die Flächen, die jeweils die Terme links und rechts der Gleichung darstellen, augenscheinlich ungleich groß sind (eine Messung der Skizze dürfte dies bestätigen). Hieran kann verdeutlicht werden, dass die Gleichheit der beiden Terme vom Wert der Variablen x abhängt.

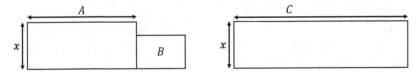

Abbildung 4.4 Darstellung der Gleichung $Ax + B = Cx$ im geometrischen Modell, in Anlehnung an Filloy, Puig & Rojano, 2008, S. 101

Durch die Veranschaulichung der Gleichung als Flächenmodell (Abbildung 4.4) soll der Zusammenhang zwischen den Flächen Ax und Cx erkannt werden (Filloy, Puig & Rojano, 2008). Da $A < C$ eine Voraussetzung des Modells und x für beide Rechtecke identisch ist, lässt sich die Fläche Ax stets in die Fläche Cx einschreiben (Abbildung 4.5). Die dadurch entstehende neue Fläche entspricht dann B, woraus sich der Zusammenhang $Cx - Ax = B$ bzw. $(C - A)x = B$ ergibt. Diese neu entstandene Gleichung muss dann gelöst werden. Ziel des Modells ist es den Schritt von $Ax + B = Cx$ zu $(C - A)x = B$ zu veranschaulichen. Dadurch soll gezeigt werden, wie mit Variablen operiert werden kann, da das für Lernende als besondere Hürde angesehen wird (Filloy, Puig & Rojano, 2008; Linchevski & Herscovics, 1996). Sobald die Form $(C - A)x = B$ erreicht ist, kann auf bestehende Lösungsverfahren zurückgegriffen werden.

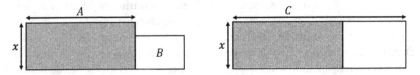

Abbildung 4.5 Darstellung der Einschreibung von Ax in Cx, mit dem Ziel zur Gleichung $(C - A)x = B$ zu führen, in Anlehnung an Filloy, Puig & Rojano, 2008, S. 102

4.2.1.5.3 Waagemodell

Das vermutlich prominenteste Modell zur Veranschaulichung von Äquivalenzumformungen stellt das Waagemodell dar, das sowohl im internationalen (u. a. Otten, Van den Heuvel-Panhuizen & Velhuis, 2019; Arcavi, Drijvers & Stacey, 2017; Webb & Abels, 2011; Vlassis, 2002) als auch im nationalen Raum (u. a. Malle, 1995; Barzel & Holzäpfel, 2011) vielfach diskutiert wird. Im deutschsprachigen Raum weist das Modell eine lange Tradition auf (Malle, 1995), was vermutlich mit dazu beiträgt, dass sich das Modell auch in Schulbüchern (siehe Kapitel 3) wiederfindet. Daher scheint dem Modell besondere Bedeutung zugeschrieben zu werden.

Im Waagemodell werden üblicherweise Balken- oder Tafelwaagen herangezogen. Die einzelnen Terme werden durch Gewichte repräsentiert, die Gleichheit der Terme durch das Gleichgewicht der Waage. Häufig wird ein Objekt (bspw. ein Würfel) für eine Variable (häufig „x", genauer „$1x$") und ein weiteres Objekt (bspw. eine Kugel) für die Zahl „1" definiert (Arcavi, Drijvers & Stacey, 2017; Vlassis, 2002). Auf den Waagschalen können dann Vielfache dieser Objekte platziert werden, um eine Gleichung darzustellen (Abbildung 4.6). Durch Handlungen am Modell wird der Zahlenwert einer Variablen ermittelt (bspw. ein Würfel entspricht hinsichtlich des Gewichtes zwei Kugeln), wodurch sich diese Herangehensweise zur Veranschaulichung des Lösens von Gleichungen mittels Umformungen eignet.

Abbildung 4.6
Darstellung der Gleichung
$2x + 1 = x + 3$ im
Waagemodell

Mithilfe des Waagemodells können die additiven bzw. subtraktiven Waageregeln und deren Gültigkeit veranschaulicht werden, indem aus beiden Waagschalen Objekte entnommen oder hinzugefügt werden. Passiert das in beiden Waagschalen gleichermaßen, so bleibt die Waage im Gleichgewicht. Hierdurch wird die Regel $A = B \Leftrightarrow A + C = B + C$ dargestellt. $A = B \Rightarrow A + C = B + C$ entspricht dem Hinzulegen gleicher Gewichte auf beiden Waagschalen und $A + C = B + C \Rightarrow A = B$ dem Entfernen gleicher Gewichte auf beiden Waagschalen.

4.2.1.5.4 Tauschhandelsmodell

Neben der Balkenwaage schlagen Webb & Abels (2011) ein Tauschhandelsmodell („bartering metaphor") vor, um die Gleichheit von Ausdrücken bzw. Objekten darzustellen. Zwar verfolgt das Modell nicht die Thematisierung von Äquivalenzumformungen, aber es erscheint zur Veranschaulichung multiplikativer Äquivalenzumformungsregeln geeignet, weshalb an dieser Stelle auf das Modell eingegangen wird.

Bei der Tauschhandelsmetapher („bartering metaphor") werden Objekte mit Blick auf Ihren Handelswert in einem Tauschhandel betrachtet. Kann eine Ziege gegen sechs Hühner als fairer Tausch angesehen werden, so besitzen diese den gleichen Wert. Damit wird Objekten ein nicht näher bestimmter Wert zugeschrieben und mit dem Wert einer anderen Klasse von Objekten in Beziehung gesetzt (der Wert einer Ziege entspricht dem von sechs Hühnern). Das Modell eignet sich insbesondere zur Veranschaulichung von Substitutionen (Kindt et al., 2010; Webb & Abels, 2011), wenn noch eine dritte Relation beschrieben wird, bei der sechs Hühner gegen drei Säcke Salz getauscht werden können (Abbildung 4.7). Relevant sind Substitutionen vor allen Dingen dann, wenn Ziegen gegen Salz getauscht werden sollen.

Die Tauschhandelsmetapher eignet sich auch zur Veranschaulichung multiplikativer Waageregeln. Werden im Tauschhandelsmodell drei Säcke Salz gegen sechs Hühner eingetauscht, sind relevante Fragen zu Vielfachen vermutlich naheliegender als beim Waagemodell. Mit am leichtesten dürfte in diesem Beispiel die Frage zu beantworten sein, wie viele Hühner man für einen, zwei, vier, fünf oder sechs Säcke Salz erstehen kann. Alternativ kann auch die Frage gestellt werden, wie viel Salz man für ein, zwei, drei etc. Hühner erhalten würde. Damit einher geht auch die Frage, ob halbe Säcke erstanden werden können. Aus der Beantwortung von Fragen dieser Art, lassen sich die multiplikativen Waageregeln ableiten.

4.2.1.6 Modelle im Kontext von Grundvorstellungen zu Äquivalenzumformungen

Im vorangegangenen Abschnitt wurden verschiedene Modelle von Gleichungen vorgestellt, die unterschiedlich stark im Zusammenhang zu Äquivalenzumformungen stehen. Dabei ist festzuhalten, dass es sich bei den betrachteten Modellen nicht um Modelle von Äquivalenzumformungen handelt, sondern um Modelle von Gleichungen, welche sich auf die reale Welt beziehen können (Tauschhandelsmodell, Waagemodell) oder auf mathematischen Zusammenhängen fußen (Streckenmodell, Flächenmodell). Abhängig vom jeweiligen Modell können Handlungen vollzogen werden, welche wiederum Äquivalenzumformungen darstellen. Folglich ist zwischen der Gleichung als Modell und der Handlung am Modell als Äquivalenzumformung zu unterscheiden. Weiterhin ist festzustellen, dass die verschiedenen Modelle Umformungsregeln unterschiedlich gut veranschaulichen. So ist das Streckenmodell vorrangig dazu geeignet additive Elementarumformungsregeln, das Waagemodell das beidseitige Addieren (und zu einem gewissen Grad auch Subtrahieren) im Sinne der Waageregeln und die Handelsmetapher die multiplikativen Waageregeln zu veranschaulichen.

Da alle diese Modelle Gleichungen darstellen, lassen sich folglich, bei adäquater Abbildung der Eigenschaften von Gleichungen, auch andere Umformungsregeln (bis zu einem gewissen Grad) anwenden. Allerdings erschließt sich die Sinnhaftigkeit manch einer Umformung nicht notwendigerweise. Es ist zwar möglich im Streckenmodell an zwei gleichlangen Strecken zwei weitere gleich lange Strecken zu ergänzen (oder um diese zu verkürzen), jedoch ist hier die Frage nach dem Grund für ein solches Tun berechtigt (Malle, 1993). Daher sollte bei der Wahl des Modells berücksichtigt werden, welche Umformungsregel angewendet werden soll.

In der Diskussion um Modelle (von Gleichungen) sollte nicht außer Acht gelassen werden, dass es um Umformungen von Gleichungen, nämlich Äquivalenzumformungen, geht. Ziel ist es also, diesen Begriff mit Sinn zu füllen und Lernenden Kontexte anzubieten, um sinnstiftende Vorstellungen aufbauen zu können. Es sind also weniger die Modelle als vielmehr die Handlungen an diesen Modellen, die entscheidend sind. Dabei soll die Bedeutung der Modelle von Gleichungen keineswegs kleingeredet, sondern eher relativiert werden, denn sie sind im Prinzip austauschbar, solange sie angemessene Operationen zulassen. Zudem ist anzumerken, dass ein Modell allein nicht zu einem garantierten oder bestimmten Lernerfolg führt. In Ihrer Untersuchung fanden Filloy, Puig & Rojano (2007) heraus, dass die Lernentwicklungen einzelner Lernender sehr unterschiedlich ausfallen können, selbst wenn das gleiche Modell herangezogen wird. Zu einem ähnlichen Ergebnis kommen Otten et al. (2019) mit ihrem systematischen Review (systematic literature review) zum Einsatz des Waagemodells.

Wenn also nicht das Modell selbst, sondern die Handlung am Modell entscheidend ist, so stellt sich die Frage nach einer Kategorisierung der Handlungen über unterschiedliche Modelle hinweg. Hierbei haben sich zwei Beschreibungen in der Vergangenheit etabliert. Zum einen ist das der Grundsatz „auf beiden Seiten das Gleiche tun" (Barzel & Holzäpfel, 2011, S. 6; siehe auch: Arcavi, Drijvers & Stacey, 2017; Kieran, 1992) und zum anderen „Rechenzeichenwechsel beim Seitenwechsel" (übersetzt nach Kieran, 1992), welche im Folgenden näher erläutert und in Zusammenhang zu Umformungsregeln und Modellen gesetzt werden.

„*Auf beiden Seiten das Gleiche zu tun*" wird allen voran mit dem Waagemodell in Verbindung gebracht (Barzel & Holzäpfel, 2011; Vlassis, 2002). Im Rahmen des Modells bedeutet dies, dass in beide Waagschalen die gleiche Menge und Art der Objekte (bzw. Objekte mit gleicher Masse) hinzugelegt oder herausgenommen werden können. Beim Tauschhandel hingegen werden die beide Handelswaren gleichermaßen vervielfacht. Ebenso können im Streckenmodell die beiden Strecken gleichermaßen verlängert, verkürzt oder vervielfacht werden. In den Waageregeln wird der Grundsatz deutlich, da auf beiden Seiten der Gleichung der gleiche Term mit gleicher Operation verknüpft wird ($A = B \Leftrightarrow A \circ C = B \circ C$). Hierbei werden die geltenden Einschränkungen hinsichtlich der Verknüpfung von Termen bzw. Multiplikation sowie Division mit 0 nicht (explizit) berücksichtigt. Der Grundsatz auf beiden Seiten das Gleiche zu tun, steht in Zusammenhang mit der oben beschriebenen Termneutralität. Die Struktur der Gleichung spielt keine (nennenswerte) Rolle, so lange auf beiden Seiten die gleichen Terme auf gleiche Weise verknüpft werden.

Der Grundsatz des „*Rechenzeichenwechsels beim Seitenwechsel*" hingegen wird in den Elementarumformungsregeln repräsentiert. Daher kann dieser Grundsatz in Beziehung zum Streckenmodell gesetzt werden. Der Rechenzeichenwechsel zeigt sich dadurch, dass ein Term, der auf der einen Seite der Gleichung auftritt, sich nach dem Umformungsschritt auf der anderen Seite mit einem anderen Rechenzeichen bzw. der inversen Operation wiederfindet (bspw. $A + B = C \Leftrightarrow A = C - B$). Im Streckenmodell wird das daran deutlich, dass eine angelegte Strecke A eine andere, parallel verlaufende Strecke um die Länge der Strecke A verkürzt. Aus Anlegen einer Strecke wird das Abtragen dieser Strecke auf einer anderen Strecke. Hierbei kommt die termrespektierende Eigenschaft der Elementarumformungen zum Tragen.

Diese Klassifizierung in die Grundsätze „Rechenzeichenwechsel bei Seitenwechsel" und „auf beiden Seiten das Gleiche tun" über die verschiedenen

Modelle hinweg lässt eine Präzisierung der Veranschaulichung von Äquivalenzumformungen zu. Die Modelle können helfen diese (Handlungs-) Grundsätze zu veranschaulichen, welche in direktem Zusammenhang mit den Waage- bzw. Elementarumformungsregeln stehen, was wiederum einer sinnstiftenden Funktion entspricht.

Da jedes Modell und damit auch die verbundenen Handlungen mit Limitierungen einhergehen, scheint eine Abstraktion der Handlungen an den Modellen, um sie auf Gleichungen anzuwenden, unerlässlich. Als Ziel für den Einsatz von Modellen kann folglich der Aufbau einer Vorstellung der Gültigkeit der Handlungsgrundsätze formuliert werden, was für Grundvorstellungen als Mittel der Begriffsbildung bedeutsam erscheint. Mit Blick auf Grundvorstellungen können Modelle dazu dienen, den Begriff inhaltlich zu deuten und mit Sinn zu füllen. Darüber hinaus können die Handlungsgrundsätze, als mentale Repräsentationen von Äquivalenzumformungen, als Produkt der Begriffsbildung und somit als Deutungen betrachtet werden. Hier kann in Frage gestellt werden, inwieweit von einer inhaltlichen Deutung gesprochen werden kann. Unabhängig davon dürfte unstrittig sein, dass die beiden vorgestellten Handlungsgrundsätze mögliche mentale Repräsentationen darstellen, die im mathematikdidaktischen Diskurs Einzug gefunden haben. Hieran schließt sich die Frage nach den Vorzügen des einen gegenüber dem anderen Handlungsgrundsatz als mentale Repräsentation an.

4.2.1.6.1 „Rechenzeichenwechsel bei Seitenwechsel" oder „auf beiden Seiten das Gleiche tun"?

Es kann festgehalten werden, dass Modelle existieren, an welchen Handlungen im Sinne der Waageregeln vollzogen werden können. Gleichermaßen gibt es auch ein Modell, das Handlungen entsprechend der Elementarumformungsregeln ermöglicht. Nun könnte man geneigt sein, die Frage zu stellen, welche Regeln im Unterricht genutzt werden sollten. Damit einher geht die Wahl des Modells und dem damit verbundenen Grundsatz (nach dem Motto „Rechenzeichenwechsel bei Seitenwechsel" oder „auf beiden Seiten das Gleiche tun"?).

Die von Malle (1993) bereits vor ca. 30 Jahren als „schwer aufzubrechende Schultradition" (S. 226) der Waageregeln scheint fortwährend Bestand zu haben (siehe Kapitel 3), was für den Grundsatz „auf beiden Seiten das Gleiche tun" spricht. Auch aus formal logischer Sicht würde die Entscheidung vermutlich auf die Waageregeln fallen, da die Elementarumformungsregeln als verkürzte Variante der Waageregeln gesehen werden können (Kieran, 1992). Auf Grund der Termneutralität der Waageregeln bieten diese mehr Freiheiten als die Elementarumformungsregeln. Gestützt wird diese Tendenz von Befunden, die darauf

hinweisen, dass Lernende den Grundsatz „Rechenzeichenwechsel bei Seitenwechsel" blind als Regel anwenden, ohne die Gleichung als Objekt selbst
wahrzunehmen (Kieran, 1992; Vlassis, 2002). Vlassis (2002) spricht sich gegen
den Grundsatz des Rechenzeichenwechsels aus, da es ihrer Meinung nach sämt-
liches potenzielles Vorwissen der Lernenden vernachlässigen würde. Wird jedoch
ein geeignetes Modell, wie das Streckenmodell oder die Beziehung zwischen
Zahlen im Allgemeinen herangezogen, kann auf dem Vorwissen der Lernenden aufgebaut und der Grundsatz des Rechenzeichenwechsels erarbeitet werden
(Malle, 1993). Daher scheint die genannte These von Vlassis (2002) nur bedingt
haltbar.

Eine andere Position hingegen vertritt Malle (1993):

> *„Die Elementarumformungsregeln sind für den Anfangsunterricht in elementarer
> Algebra geeigneter als die Waageregeln. Man kann sogar lange ohne die letzteren aus-
> kommen. Die Waageregeln bilden jedoch später eine durchaus sinnvolle Ergänzung. "*
> *(S. 227)*

Er sieht hier nicht zwangsläufig eine „entweder ... oder..."-Frage, sondern
betrachtet die Regeln im größeren Kontext der schulischen Laufbahn. Dabei
spricht er sich für eine klare Tendenz zu den Elementarumformungsregeln aus,
mit der Option, diese um die Waageregeln zu ergänzen. Eine solche Herangehensweise ist auch mit der Idee der Grundvorstellungen vereinbar, wenn davon
ausgegangen wird, dass Vorstellungen zu einzelnen Teilen des Begriffs aufgebaut werden, die im Laufe der Zeit ergänzt und abgeändert werden (siehe
Abschnitt 4.2.1.5) Insbesondere im Anfangsunterricht der elementaren Algebra werden die Freiräume, welche die Waageregeln bieten, nicht zwangsläufig
benötigt. Diese sind erst später, bspw. bei der Addition / Multiplikation zweier
Gleichungen zum Lösen von Gleichungssystemen, von Bedeutung (Malle, 1993).
Da sich Elementarumformungsregeln auf spezielle Termstrukturen beziehen, for-
dern diese eine Analyse der Struktur von Gleichungen, welche ohnehin für das
Lösen von diesen notwendig ist (Malle, 1993).

Neben theoretischen Gründen führt Malle (1993) auch empirische Gründe
für seine Position an. In Interviews mit einer Gruppe von Schülerinnen und
Schüler stellte er fest, dass Umformungen von Gleichungen vorwiegend im
Sinne der Elementarumformungsregeln beschrieben wurden. Daraus folgert er,
dass Elementarumformungsregeln eher der Denkweise von jungen Heranwach-
senden entsprechen als Waageregeln. Als eine mögliche Erklärung hierfür ist,
dass Umformungen in Form von einer Art Schema abgespeichert werden (Malle,
1993), was Fischer (1984) als „Geometrie der Terme" beschreibt (Abbildung 4.7).

Hierbei wird auf Basis der räumlichen Anordnung eine Gleichung analysiert und umgeformt. Gestützt wird dieser Erklärungsansatz mit dem Fund einer neurologischen Untersuchung (über Elektroenzephalographie, kurz EEG), welche nachweist, dass Rechnen und Umformen von Gleichungen mit Bewegungen assoziiert werden. Somit kann von mentalen Bewegungen ausgegangen werden (Henz, Oldenburg & Schöllhorn, 2015).

Abbildung 4.7
exemplarische Darstellung eines Schemas zum Umformen von Gleichungen, Grafik in Anlehnung an Malle, 1993, S. 218

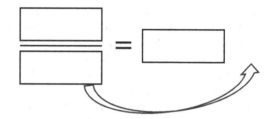

Für die Waageregeln existieren empirische Befunde, die darauf hindeuten, dass Elementarumformungsregeln ohne Verständnis angewendet werden. Auf der anderen Seite gibt es Hinweise darauf, dass Elementarumformungsregeln eher den Denkprozess von Lernenden widerspiegeln als Waageregeln. Empirische Befunde – insbesondere letzterer Art – sind zunächst einmal deskriptiv zu verstehen und stellen keine Notwendigkeit dar, den Unterricht an den (empirisch vermuteten) kognitiven Strukturen zu orientieren (Lorenz, 2017). Dennoch sollte sich die Didaktik diesen mit der notwendigen Ernsthaftigkeit widmen (Lorenz, 2017; Bruder et al., 2021). In Folge bedeutet dies, dass der Ausschluss der Elementarumformungsregeln (inkl. zugehörigem Modell und Grundsatz) wenig sinnvoll erscheint, wenn dies eher den Denkprozessen der Lernenden entspricht. Zudem gibt es keine mathematischen bzw. formalen Gründe diese auszuschließen (Malle, 1993). Sich allerdings alleinig auf Elementarumformungsregeln zu beschränken und Waageregeln pauschal auszuschließen, dürfte ebenfalls nur bedingt angemessen sein, da diese im weiteren curricularen Verlauf hilfreich sind (Malle, 1993). Gleichzeitig darf aber auch der Einwand, dass Regeln angewendet werden, ohne dass deren Gültigkeit nachvollziehbar ist, nicht vernachlässigt werden. Obwohl sich diese Befunde nur auf den Grundsatz des „Rechenzeichenwechsels bei Seitenwechsel" beziehen, kann ein solches Verhalten für den alternativen Grundsatz nicht ausgeschlossen werden. Daher ist darauf Wert zu legen, im Kontext der jeweiligen Handlungsgrundsätze Grundvorstellungen auszubilden, welche dem Anspruch der Sinnstiftung gerecht werden. Das ist der Punkt, an dem Modelle von Gleichungen von Bedeutung sind, indem sie entsprechende Operationen ermöglichen und deren Zweckmäßigkeit sowie Gültigkeit veranschaulichen. Dabei sind es die Handlungen, entsprechend den Handlungsgrundsätzen, am Modell der Gleichung, die die Äquivalenzumformungen darstellen – nicht das Modell selbst. Ziel ist es daher Handlungsgrundsätze aufzubauen und später auch in Kontexten außerhalb des Modells anwenden zu können. Im algebraischen Anfangsunterricht scheint es sinnvoll auf Modelle zurückzugreifen, die durch Handlungen gemäß der Elementarumformungsregeln zum Grundsatz „Rechenzeichenwechsel bei Seitenwechsel" führen, da dies eher den Denkweisen der Lernenden entspricht. Dabei ist Wert darauf zu legen, dass ein Verständnis für die Gültigkeit der Regel aufgebaut wird. An späterer Stelle im Lernprozess können dann Modelle genutzt werden, an welchen durch entsprechende Handlungen die Waageregeln widergespiegelt werden und die zum Grundsatz „auf beiden Seiten das Gleiche tun" führen. Dadurch soll ein Netz aus Grundvorstellungen aufgebaut (siehe Abschnitt 4.2.1.4) werden. Die Verknüpfung mit jeweils passenden Modellen erfüllt die sinnstiftende Funktion. Dieses Netz aus Grundvorstellungen wiederum macht das Concept Image aus, das im Folgenden genauer beschrieben wird.

4.2.2 Concept Image

Das Concept Image steht für die gesamte kognitive Struktur, die mit einem Konzept assoziiert wird und beinhaltet sämtliche mentale Visualisierungen („mental pictures") sowie assoziierte Eigenschaften und Prozesse (Tall & Vinner, 1981). Dabei handelt es sich um eine kognitive Struktur, was verschiedene Konsequenzen mit sich bringt. So können sich Concept Images unterschiedlicher Individuen unterscheiden, da sich die kognitiven Strukturen auf Grund unterschiedlicher Umwelteinflüsse und Anlagen unterscheiden dürften. Gleichzeitig können Concept Images, die auf Basis gleicher Einflüsse (Kinder einer Klasse erfahren im Normalfall den gleichen Unterricht) zumindest ähnliche Strukturen oder bestimmte Parallelen aufweisen. Werden beispielsweise Waageregeln zum Umformen von Gleichungen im Mathematikunterricht mittels einer Balkenwaage eingeführt, so wäre erwartbar, dass sich in den Concept Images (von mindestens einem Teil) der Kinder zum Umformen von Gleichungen, die Idee des Handlungsgrundsatzes „auf beiden Seiten das Gleiche tun" oder zumindest der Zusammenhang zu einer Balkenwaage wiederfindet.

Eine weitere und vielleicht gewichtigere Konsequenz daraus, dass es sich um kognitive Strukturen handelt, ist, dass Bestandteile eines Concept Images auch fehlerbehaftet sein können. Damit ist gemeint, dass sie nicht zwangsläufig einen

Sachverhalt (fachlich) korrekt widerspiegeln. Beispielsweise kann die Ansicht entstehen, dass stets eine äquivalente Gleichung erzeugt wird, wenn auf beiden Seiten einer Gleichung dasselbe getan wird. Diese vereinfachte Darstellung der Waageregeln, gemäß dem Handlungsgrundsatz, hat aber nur eine begrenzte Gültigkeit (siehe Kapitel 3) und stößt bspw. beim Multiplizieren von Variablen oder Potenzieren an Grenzen. Zudem kann das Concept Image nicht nur fehlerhafte Informationen beinhalten, sondern auch Widersprüche. Dies ist der Fall, wenn im Concept Image verankert ist, dass es ausreicht auf beiden Seiten einer Gleichung dasselbe zu tun und gleichzeitig das Wissen, dass beidseitiges Radizieren nicht zwangsläufig zu einer äquivalenten Gleichung führt. Werden diese beiden Informationen getrennt voneinander betrachtet, so handelt es sich hierbei um Widersprüche. Solche Widersprüche stellen Faktoren für potenzielle kognitive Konflikte dar (Tall & Vinner, 1981). Zum kognitiven Konflikt kommt es allerdings erst, wenn beide Informationen gleichzeitig abgerufen werden und dieser Widerspruch erkannt wird (Tall & Vinner, 1981). In Anlehnung an das Beispiel müsste die Regel eingeschränkt werden. Hierzu bedarf es einer Erläuterung, welche Operationen auf beiden Seiten einer Gleichung durchgeführt werden dürfen, um zu einer äquivalenten Gleichung zu gelangen (siehe Kapitel 3).

Die hier geführte Diskussion über Concept Images beschränkt sich auf eine eher allgemeine Ebene und versteht sich als Sammlung bzw. Netz von Grundvorstellungen. Im Abschnitt zu Grundvorstellungen wird konkreter thematisiert, welche Ideen (mit Blick auf Äquivalenzumformungen) Teil des Concept Images sind.

4.3 Pragmatik

Während im Rahmen der Semantik das Individuum eine Rolle hinsichtlich der Erzeugung bzw. des Abrufens von Informationen spielt, bezieht sich die Pragmatik auf die Verwendung und Interpretation von Ausdrücken (Drouhard & Teppo, 2004; Klabunde, 2018b). Dabei kann die Pragmatik wie folgt definiert werden:

„Die Pragmatik als linguistische Teildisziplin untersucht die im jeweiligen Kontext angemessene Verwendung von Äußerungen und deren kontextabhängige Interpretation." (Klabunde, 2018b, S. 15)

Von Interesse ist hierbei insbesondere die im „Kontext angemessene Verwendung von Äußerungen", worauf im Folgenden der Fokus liegen soll. Wenn, wie unter 4.1 Syntax beschrieben, Umformungsregeln als Sätze bzw. Aussagen (wie auch in der Logik beschrieben) aufgefasst werden, dann bezieht sich die Pragmatik auf die Anwendung dieser Regeln in einem angemessenen Kontext. Offen ist die Frage nach möglichen Kontexten.

Sill et al. (2010) beschreiben drei unterschiedliche Gründe, für welche Umformungen von Gleichungen erfolgen können: Das Lösen einer Gleichung, die Überführung einer Gleichung in eine bestimmte Form und das Umstellen einer Gleichung nach einer bestimmten Variablen. Diese drei Gründe werden an dieser Stelle als Anwendungen betrachtet, im Folgenden als Anwendungsbereiche näher erläutert und anhand verschiedener Kriterien miteinander verglichen.

4.3.1 Lösen von Gleichungen

In Kapitel 2 wurde bereits das Lösen von Gleichungen, mit dem Ziel die Lösungsmenge zu bestimmen, im Allgemeinen diskutiert. Dabei wurde das Lösen durch Umformungen als eher formales Verfahren gegenüber anderer Lösungsverfahren herausgestellt. Beim Lösen mittels Äquivalenzumformungen wird eine Gleichung so lange umgeformt, bis die Lösungsmenge ablesbar ist. Dies ist in Fällen von $x = A$ (wobei A für eine Zahl steht) relativ einfach möglich:

$$2x + 3 = 6x$$

$$3 = 4x$$

$$\frac{3}{4} = x$$

Der Prozess des Gleichungslösens über Äquivalenzumformungen kann also beschrieben werden, als Umformung von einer Ausgangsgleichung mit dem Ziel der Erreichung einer Zielgleichung, aus welcher die Lösungsmenge (bspw. $x = A$) ablesbar ist. Diese Herangehensweise ist insbesondere bei der Anwendung auf lineare Gleichungen zielführend. Zudem gewinnt das Verfahren an Bedeutung, wenn die Variable, deren Wert bestimmt werden soll, auf beiden Seiten der Gleichung auftritt, da hier inhaltliche Verfahren nur noch bedingt umsetzbar sind (Filloy & Rojano, 2008; Sill et al., 2010; Linchevski & Herscovics, 1996). Bei quadratischen Gleichungen ist die Menge der Gleichungen, die sich lediglich durch Äquivalenzumformungen lösen lassen, eingeschränkt. Im Allgemeinen kann hier auf Lösungsformeln zurückgegriffen werden. Je nach Fall können Termumformungen bei der Bestimmung der Lösungsmenge helfen ($x^2 - 4x + 4 = 0 \Leftrightarrow (x - 2)^2$). Umformungen im Sinne der Elementarumformungs- oder Waageregeln sind meist nicht ohne Weiteres zielführend.

4.3.2 Normieren von Gleichungen

„Es soll eine Gleichung in eine bestimmte Form überführt werden" (Sill et al., 2010, S. 39) – so wird ein zweiter Anwendungsbereich zum Umformen von Gleichungen beschrieben. Als Beispiel für eine solche Umformung wird das Überführen einer quadratischen Gleichung in die Normalform quadratischer Gleichungen genannt, was an folgendem Beispiel demonstriert wird:

$$4x^2 + x = 2x^2 - 1$$

$$2x^2 + x = -1$$

$$2x^2 + x + 1 = 0$$

$$x^2 + \frac{1}{2}x + \frac{1}{2} = 0$$

Die Überführung einer Gleichung in die allgemeine Form oder Normalform quadratischer Gleichungen ist als Zwischenschritt im Lösungsprozess mittels Lösungsformel von Bedeutung. Je nach Form können die relevanten Parameter zum Einsetzen in die entsprechende Lösungsformel abgelesen werden, um die Lösungsmenge zu bestimmen. Äquivalenzumformungen selbst sind nicht notwendigerweise ausreichend, um die Gleichung zu lösen. Ziel des Normierens ist es, Gleichungen mittels Äquivalenzumformung in eine bestimmte Form (hier Normalform) zu bringen, um einzelne Parameter zu ermitteln.

Auch an anderer Stelle ist das Überführen von Gleichungen in bestimmte Formen von Bedeutung. So lassen sich beispielsweise die Koordinaten des Scheitelpunktes über die „Scheitelpunktform" quadratischer Funktionen ermitteln. Im Bereich der linearen Funktionen ist es hilfreich, den Funktionsterm in die Form $a \cdot x + b$ zu bringen (sofern er nicht bereits die Form hat), da hieran die Steigung anhand des Parameters a und der y-Achsenabschnitt am Parameter b abgelesen werden kann. In diesen beiden Fällen sind neben Äquivalenzumformungen (im Sinne der Waage- oder Elementarumformungsregeln) aber insbesondere auch

Termumformungen gefragt. Daher erscheint die Bedeutung von Äquivalenzumformungen beim Überführen von quadratischen Gleichungen in die Normalform bedeutsamer als beim Überführen in die „Scheitelpunktform".

4.3.3   Umstellen von Gleichungen

In der dritten Anwendung „soll eine Gleichung, zum Beispiel eine Formel, nach einer Variablen umgestellt werden" (Sill et al., 2010, S. 39). Diese Beschreibung trifft zunächst auch auf den Prozess des Lösens von Gleichungen mittels Umformungen zu, wenn es darum geht, eine Gleichung so lange umzuformen, bis die Form $x = A$ (wobei die Variable x nur auf der linken Seite auftreten darf) erreicht wird. Als Beispiel für das Umstellen wird die Flächeninhaltsformel $A = \frac{1}{2}(a + c) \cdot h$ angeführt (Sill et al., 2010, S. 39), was den Unterschied zum Lösen deutlicher herausstellt, wenn beispielsweise nach a umgestellt wird:

$$A = \frac{1}{2}(a + c) \cdot h$$

$$\frac{A}{h} = \frac{1}{2}(a + c)$$

$$2 \cdot \frac{A}{h} = (a + c)$$

$$2 \cdot \frac{A}{h} - c = a$$

Das Lösen (im schulischen Kontext) durch Umformen kann dadurch erreicht werden, dass die gesuchte Variable isoliert wird, sodass sie mit einer konkreten Zahl gleichgesetzt wird ($x = A$, wobei A einer Zahl entspricht). Im letzten Beispiel hingegen wird die zu isolierende Variable in Abhängigkeit von weiteren Variablen ausgedrückt, indem sie mit einem Term gleichgesetzt wird, welcher Variablen enthält. Dies wäre auch denkbar beim Lösen von Gleichungen in mehreren Variablen. Daher ist für das Umstellen von Gleichungen eher die Anzahl der Variablen (die größer als eins ist) charakterisierend. Das Umstellen kann also als Isolieren einer Variablen in einer Gleichung mit mehreren Variablen beschrieben werden.

Hierbei können zwei Kategorien unterschieden werden. Auf der einen Seite stehen Gleichungen, die in einen (Sach-)Kontext eingebettet sind, was einen Verweis der Variablen auf entsprechende Größen zulässt. Auf der anderen Seite stehen Gleichungen, die nicht in einen (Sach-)Kontext eingebunden sind und in welchen die Variablen nicht eindeutig auf Größen verweisen (Tabelle 4.1). So kann die Gleichung $A = a \cdot b$ ebenso wie die Gleichung $x = y \cdot z$ den Flächeninhalt eines Rechteckes beschreiben, aber auch bedeutungslos sein, wenn nicht geklärt ist, dass sich a und b bzw. x und y auf Seitenlängen eines Rechteckes beziehen.

Bedeutsam scheint das Umstellen jedoch insbesondere bei Gleichungen, welche in einen (Sach-) Kontext eingebunden sind. Gleichungen dieser Art sind häufig mit geometrischen Zusammenhängen oder Formeln (bspw. in der Physik) verbunden (Sill et al., 2010). Ziel von Umformungen dieser Art ist es, Zusammenhänge zwischen den gegebenen Größen zu beschreiben bzw. deren Abhängigkeiten voneinander zu verdeutlichen.

Tabelle 4.1 Umstellen von Gleichungen mit Einbettung in einen Kontext (links) und ohne Einbettung in einen Kontext (rechts)

Mit der folgenden Gleichung wird der Flächeninhalt eines Trapezes beschrieben. Löse nach a auf: $A = \frac{a+c}{2} \cdot h$	Löse nach y auf: $x = \frac{u+y}{2} \cdot z$

4.3.4 Lösen, Normieren und Umstellen im Vergleich

In den vorangegangenen Abschnitten wurden Lösen, Normieren sowie Umstellen als unterschiedliche Anwendungen diskutiert, für welche Äquivalenzumformungen von Bedeutung sind. Dabei wurden diese beschrieben und einzelne Charakteristika dargestellt. Im Folgenden sollen die drei Bereiche anhand unterschiedlicher Kriterien miteinander verglichen werden. Die Wahl der Kriterien ergibt sich im Wesentlichen aus den herausgestellten Charakteristika.

4.3.4.1 Gleichungstypen im Vergleich

Das Lösen, Normieren und Umstellen lässt sich auf unterschiedliche Arten und Typen von Gleichungen anwenden. Hinsichtlich des Normierens wurde angedeutet, dass auch Termumformungen von Bedeutung sind, ohne dass zwangsläufig

Äquivalenzumformungen im Sinne von Waage- oder Elementarumformungsregeln Anwendung finden. Das Lösen von Gleichungen fasst im Allgemeinen mehr als das Lösen durch Umformen (Kapitel 2). Daher sollen die jeweiligen Kontexte auf jene Gleichungen beschränkt werden, für welche Äquivalenzumformungen mit Blick auf die Schulpraxis relevant sind.

Für das Lösen von Gleichungen mittels Äquivalenzumformungen kommen insbesondere lineare Gleichungen mit einer Variable in Frage (ISB, 2023a, 2023b), wobei diese Umformungen an Bedeutung gewinnen, wenn die zu bestimmende Variable auf beiden Seiten der Gleichung auftritt (Filloy & Rojano, 2008; Linchevski & Herscovics, 1996).

Im schulischen Kontext werden zudem auch quadratische Gleichungen mittels Lösungsformel gelöst (ISB, 2023c, 2023d). Hierbei sind Äquivalenzumformungen als Werkzeug zum Normieren von Gleichungen gefragt, um die jeweilige quadratische Gleichung in die allgemeine oder in die Normalform zu überführen, so dass die Parameter für die Lösungsformel ermittelt werden können.

Das Umstellen von Gleichungen hingegen scheint sich insbesondere dadurch auszuzeichnen, dass es sich auf Formeln bzw. Gleichungen bezieht, in welchen mehrere Variablen auftreten, die mitunter Größen repräsentieren können. Um hier einzelne Variablen zu isolieren, stellen Äquivalenzumformungen ein geeignetes Werkzeug dar.

Vor diesem Hintergrund betrachtet, beziehen sich die unterschiedlichen Kontexte zur Anwendung von Äquivalenzumformungen auf verschiedene Arten von Gleichungen (Tabelle 4.2). Die Umformungen sind beim Lösen vorrangig für lineare Gleichungen von Bedeutung. Hinsichtlich quadratischer Gleichungen sind Äquivalenzumformungen nur noch bedingt zur vollständigen Lösung geeignet. Hier finden die Umformungen im Sinne des Normierens als Teilprozess des Lösens Anwendung. Während beim Lösen (und Normieren) insbesondere Gleichungen mit einer Variablen betrachtet werden, sind es beim Umstellen Gleichungen mit mehreren Variablen. Stehen diese Variablen für Größen, wird von Größengleichungen gesprochen. Ist dies nicht der Fall, werden sie als Variablengleichung bezeichnet. Es lässt sich also feststellen, dass sich die Kontexte zur Anwendung von Äquivalenzumformungen hinsichtlich der umzuformenden Gleichungen im schulischen Kontext unterscheiden.

Tabelle 4.2 exemplarische Aufgaben zum Lösen, Normieren und Umstellen von Gleichungen mittels Äquivalenzumformungen

	Lösen	**Normieren**	**Umstellen**
Aufgabenbeispiel	Löse die Gleichung $3x = 3 + x$.	Führe die Gleichung $4x^2 + x = 2x^2 - 1$ in die allgemeine Form quadratischer Gleichungen über.	Stelle die folgende Gleichung nach a um: $A = a \cdot b$.
Gleichungstyp	Lineare Gleichungen	Quadratische Gleichung	Größengleichungen / Variablengleichung

4.3.4.2 Ziel und Zweck im Vergleich

Das Normieren von Gleichungen nimmt eine besondere Rolle ein, da nicht gezielt eine einzelne Variable isoliert (oder dessen Wert bestimmt) wird, sondern eine bestimmte Form erreicht werden soll. Auf Ebene der Gleichung gibt es eine klar festgelegte Zielgleichung. Im Fall der allgemeinen Form quadratischer Gleichungen entspricht diese der Form $a \cdot x^2 + b \cdot x + c = 0$ (wobei die Parameter a,b,c nicht eindeutig sind, lediglich deren Relation zueinander). Auch beim Umstellen von Gleichungen ist die Zielgleichung klar, da hier eine Variable isoliert wird, so dass eine Gleichung die Form $a = B$ (wobei a der zu isolierenden Variablen und B einem Term entspricht, der die restlichen Elemente der Ausgangsgleichung enthält) entsteht. Anders als beim Normieren, bei dem die Strukturen beider Seiten der Gleichung vorgegeben sind, ist dies beim Umstellen nur bei einer Seite (der isolierten Variablen) der Fall.

Beim Lösen von Gleichungen wird im Vergleich zu den beiden anderen Anwendungen keine konkrete Form der Gleichung als Ziel (Zielgleichung) erwartet. Zwar ist die Form $x = A$ (wobei x der gesuchten Variablen und A einer Zahl bzw. einem Term entspricht) naheliegend, allerdings kann zur Ermittlung der Lösungsmenge auch die Form $A \cdot x = B$ oder $(A - x)B = 0$ ausreichend sein. Hieraus geht auch die Überlegung nach dem Zweck der Anwendung hervor.

Der Zweck beim Lösen ist es, die Lösungsmenge zu ermitteln. Dabei hängt es zum einen von der Art der Gleichung, zum anderen vom Anwender ab, welche Form der Zielgleichung hierzu notwendig ist. Eine Person kann in der Lage sein, bereits aus einer Gleichung $A \cdot x = B$ die Lösungsmenge abzulesen, weil sie den letzten Umformungsschritt im Kopf vollführt, während eine andere Person für das Bestimmen der Lösungsmenge die Form $x = \frac{B}{A}$ benötigt.

Der Zweck des Normierens von Gleichungen besteht im Allgemeinen darin, einzelne Parameter zu ermitteln. Im Falle der quadratischen Gleichung sind diese für das Einsetzen in eine Lösungsformel wichtig. Im Beispiel von Funktionen lassen sich hieraus bestimmte Charakteristika ablesen, wie die Steigung einer linearen Funktion oder der Scheitelpunkt einer Parabel. Anders als beim Lösen geht es hier also weniger um die Variable (sowie dessen Wert), als vielmehr um die anderen in der Gleichung auftretenden Werte.

Werden beim Umstellen Gleichungen betrachtet, bei denen lediglich eine Variable unbekannt ist und für alle anderen bekannte (Zahlen-)Werte existieren, so können diese eingesetzt werden, wodurch das Umstellen dem Lösen entspricht. Wie oben bereits diskutiert (Abschnitt 4.3.3), ist eine Besonderheit beim Umstellen, dass die Gleichungen aus mehreren (nicht näher bestimmten) Variablen bestehen können. In diesem Fall sind konkrete (Zahlen-)Werte beim Umstellen von Gleichungen, verglichen mit den anderen beiden Kategorien, kaum von Bedeutung. Die Gleichungen drücken Zusammenhänge zwischen den Variablen aus, wobei durch das Umstellen jeweils andere Variablen in Abhängigkeit der Verbleibenden dargestellt werden. Dies soll an folgenden beiden Gleichungen verdeutlicht werden, in welchen die Variablen den Flächeninhalt A, die Länge der Grundseite g und die Länge der Höhe h eines beliebigen Dreiecks repräsentieren:

$$(1)\ A = \frac{1}{2} \cdot g \cdot h$$

$$(2)\ h = 2 \cdot \frac{A}{g}$$

In Gleichung (1) wird der Flächeninhalt in Abhängigkeit von Grundseite und Höhe beschrieben. In der nach h umgestellten Gleichung (2) wird die Höhe in Abhängigkeit von Flächeninhalt und Grundseite dargestellt. Durch die variierenden Abhängigkeiten lassen sich verschiedene Fragestellungen unterschiedlich gut beantworten. An der zweiten Gleichung lässt sich unter anderem erkennen, dass mit steigendem Flächeninhalt (und konstanter Länge der Grundseite) auch die Länge der Höhe zunimmt. Gleichzeitig wird ausgedrückt, dass die Höhe abnimmt, wenn unter konstantem Flächeninhalt die Länge der Grundseite zunimmt. Diese Zusammenhänge können auch aus Gleichung (1) geschlossen werden, sie sind dort jedoch weniger explizit dargestellt. Hieraus ergibt sich auch der Zweck des Umstellens von Gleichungen (mit mehreren unbestimmten Variablen) als die (andere) Darstellung von Zusammenhängen zwischen Variablen bzw. Größen, dadurch dass andere Variablen als unabhängig bzw. abhängig betrachtet werden.

Zusammenfassend lässt sich sagen, dass sich die drei Kontexte, in welchen Äquivalenzumformungen angewendet werden (können), hinsichtlich ihres Zweckes, Ziels und den möglichen Zielgleichungen unterscheiden (Tabelle 4.3).

Tabelle 4.3 Ziel(-gleichung) und Zweck von Lösen, Normieren, Umstellen im Vergleich anhand exemplarischer Aufgaben

	Lösen	Normieren	Umstellen
Aufgabenbeispiel	Löse die Gleichung $3x = 3 + x$.	Führe die Gleichung $4x^2 + x = 2x^2 - 1$ in die allgemeine Form quadratischer Gleichungen über.	Stelle die folgende Gleichung nach a um: $A = a \cdot b$.
Beispiele für mögliche Zielgleichungen	$x = \frac{3}{2}$ $2x = 3$	$x^2 + \frac{1}{2}x + \frac{1}{2} = 0$ $2x^2 + x + 1 = 0$	$a = \frac{A}{b}$
Ziel	Erzeugen einer Gleichung, aus der die Lösungsmenge erkennbar ist.	Gleichung in bestimmte allgemein Form überführen.	Isolieren einer bestimmten Variablen.
Zweck	Den „Wert" der Variablen ermitteln.	Ablesen bestimmter Parameter(werte).	Betrachten von Zusammenhängen verschiedener Größen / Variablen.

4.3.4.3 Einbettung im Vergleich

Größengleichungen, als das Objekt auf das Äquivalenzumformungen beim Umstellen angewendet werden, zeichnen sich durch ihren Bezug auf konkrete Größen aus. Bisher wurden hauptsächlich Beispiele aus dem Bereich der Geometrie diskutiert, in welchen Zusammenhänge zwischen Größen beschrieben werden. Darüber hinaus sind auch Beispiele aus anderen Bereichen der Mathematik, wie zum Beispiel der Stochastik, denkbar. So kann die Berechnung des arithmetischen Mittels durch eine Formel beschrieben werden.

Das Lösen und Normieren von Gleichungen erfolgt in den genannten Beispielen ohne Einbettung in einen (Sach-)Kontext. Es steht außer Frage, dass diese beiden Tätigkeiten auch im Rahmen einer Einbettung durchgeführt werden können. Ebenso kann das Umstellen von Formeln ohne erkennbaren Bezug zu einem (Sach-)Kontext erfolgen. Allerdings dürften die Beispiele im Kern den Gebrauch von Äquivalenzumformungen im Mathematikunterricht widerspiegeln, sodass sich das Umstellen von Gleichungen durch die Einbettung sowie der Anzahl der Variablen von den anderen beiden Anwendungen unterscheidet.

4.3.4.4 Variablentypen im Vergleich

Alle drei Anwendungen (Lösen, Normieren und Umstellen von Gleichungen) haben gemein, dass sie Variablen enthalten. Der Begriff der Variable lässt sich als „eine symbolische Darstellung, also ein Zeichen für ein beliebiges Element aus einer gegebenen Menge" (Walz et al., 2017d, S. 290) definieren, ist aber aus mathematikdidaktischer Perspektive komplexer. So kommt Malle (1993) zu dem Schluss, dass die Frage danach, was eine Variable sei, „niemand zufriedenstellend beantworten kann, weil der Variablenbegriff zu schillernd und aspektreich ist" (S. 44). Nichtsdestotrotz gibt es weiterhin Bestrebungen (Oldenburg, 2019) die unterschiedlichen Facetten des Variablenbegriff zu beschreiben. Daher wird der Variablenbegriff im Folgenden näher diskutiert.

4.3.4.4.1 Variable – ein Begriff, drei Facetten

Einen Überblick über die gängigsten Theorien bietet Steinweg (2013) an (Tabelle 4.4). Dabei weisen die unterschiedlichen Theorien Parallelen auf, bei welchen drei Konzepte für den Variablenbegriff besonders bedeutsam wirken.

Tabelle 4.4 Gegenüberstellung von Variablenkonzepten mehrerer Autoren aus Steinweg (2013, S. 168), wobei der Einzelaspekt dem Einzelzahlaspekt entspricht

Freudenthal	*Küchemann*	*Malle*	*Ursini und Trigueros*
Unbekannte	specific unknown or object	Gegenstand im Einzelaspekt	Unknown
Veränderliche	variable	Einsetzung im Veränderlichen- aspekt	in functional relations
Unbestimmte	generalised number	Kalkül im Simultanaspekt	general number

Variable als Unbekannte. Bei diesem Variablenkonzept wird das Variablenzeichen stellvertretend für eine nicht bekannte – unbekannte – Zahl betrachtet (Freudenthal, 2002; Steinweg, 2013). Dabei handelt es sich nicht um eine beliebige Zahl, sondern eine bestimmte. Der Wert der Zahl ist unbekannt, wird aber beispielsweise durch die Einbindung in eine Gleichung festgelegt. Die Variable steht für eine konkrete Zahl.

Variable als Veränderliche. Charakteristisch für dieses Konzept ist, dass die Variable nicht nur einen, sondern eine ganze Bandbreite von Zahlenwerten einnehmen kann (Freudenthal, 2002; Malle, 1993; Steinweg, 2013). Bei der Repräsentation einer Klasse von Variablen kann unterschieden werden, ob die Variable die Zahlen gleichzeitig repräsentiert (Simultanaspekt bei Malle, 1993) oder ob die Repräsentation in einer zeitlichen Abfolge geschieht (Veränderlichenaspekt bei Malle, 1993). Steinweg (2013) zieht den Einsetzungs- und Veränderlichenaspekt Malles (1993) heran, um die Variable als Veränderliche zu charakterisieren. Unter dem Einsetzungsaspekt wird die Variable dabei als Platzhalter oder Leerstelle verstanden, in welche(n) Zahlen bzw. Zahlnamen eingesetzt werden dürfen (Malle, 1993).

Variable als Unbestimmte. In diesem Zusammenhang wird die Variable als unbestimmte Zahl betrachtet (Freudenthal, 2002; Malle, 1993; Steinweg, 2013). Sie steht nicht für eine einzelne unbekannte oder festgelegte Zahl, sondern für irgendeine. Dabei ist es nicht erheblich für welche Zahl. Deutlich wird dies bei der Betrachtung Variable als Kalkül im Simultanaspekt. Hier wird die Variable als bedeutungsloses Rechenzeichen interpretiert (Malle, 1993). Mit Simultanaspekt hingegen ist gemeint, dass die Variable eine ganze Klasse von Zahlen gleichzeitig abbildet (Malle, 1993).

4.3.4.4.2 Variablentypen in den Anwendungen

In dem vorangegangenen Abschnitt wurden unterschiedliche Variablentypen beschrieben. Dabei ist festzuhalten, dass es zwar Situationen gibt, in welchen sich einzelne Charakteristika des Variablenbegriffs deutlicher abzeichnen als in anderen, eine eindeutige Zuordnung aber nur schwer zu bewerkstelligen sein dürfte. Werden die Variablentypen als Deutungen von Individuen betrachtet, ist es denkbar, dass verschiedene Personen in gleichen Aufgaben oder Kontexten die Variable unterschiedlich deuten und jeweils andere Charakteristika hervorheben. Die nachfolgende Diskussion zeigt, dass sich in den drei Anwendungsbereichen von Äquivalenzumformungen Unterschiede hinsichtlich der Variablentypen feststellen lassen.

Laut Malle (1993) wird im Umformungsprozess zum Lösen einer Gleichung die Variable am ehesten als Rechenzeichen behandelt, „über dessen Bedeutung nicht weiter nachgedacht wird und mit dem nach gewissen Regeln umgegangen wird" (S. 46). Ebenso kann dies auch auf das Normieren und das Umstellen von Gleichungen zutreffen, sofern die Anwendung innerhalb der Kontexte auf den jeweiligen Umformungsprozess reduziert wird. Unterschiede hinsichtlich der Variablentypen lassen sich hingegen feststellen, wenn der Zweck der verschiedenen Anwendungen herangezogen/ berücksichtigt wird.

Da es beim Lösen von Gleichungen darum geht, diejenigen Zahlen zu ermitteln, für welche die Aussage erfüllt ist, steht die Variable hier je nach Gleichungstyp für eine oder mehrere unbekannte Zahlen (Variable als Unbekannte). Gerade im Kontext linearer Gleichungen dominiert hier der Gegenstand im Einzelzahlaspekt, da die Mächtigkeit der Lösungsmenge maximal eins beträgt. Daraus geht hervor, dass es entweder eine oder keine Zahl gibt, für die die gesuchte Variable steht.

Die Idee der Variable als Unbekannte wird im Kontext des Lösens quadratischer Gleichungen erweitert, indem die Variable gleichzeitig für bis zu zwei Zahlen stehen kann, wodurch ein neues Merkmal der Variable gegenüber dem Lösen linearer Gleichungen deutlich wird. Bei der Normierung von Gleichungen spielt die Zahl, für welche die Variable stehen könnte, keine bzw. lediglich eine untergeordnete Rolle. Die Variable hilft hier die Struktur der Zielgleichung zu beschreiben. Von größerer Bedeutung sind jedoch die Parameter. Daher scheint die Interpretation der Variablen als Unbestimmte beim Normieren naheliegender.

Für das Umstellen sind unter anderem Gleichungen von Bedeutung, in welchen die Variablen Größen repräsentieren. Durch sie werden Zusammenhänge zwischen diesen Größen im Allgemeinen beschrieben. Hierbei scheint es naheliegend die isolierte Variable als abhängige Variable und die restlichen Variablen als unabhängige Variablen zu betrachten. Aus den Werten der unabhängigen Variablen ergibt sich der Wert der abhängigen Variablen. In den hier diskutieren Beispielen sind keine Werte für die unabhängigen Variablen gegeben, weshalb diese eher einen Größenbereich repräsentieren – nämlich all jene Werte, welche die Größe einnehmen kann. Das lässt zum einen die Sichtweise zu, dass die Größe mehrere Werte simultan repräsentiert, wodurch eher die Variable in der Bedeutung als Unbestimmte in den Vordergrund rückt. Zum anderen kann die Variable als veränderlich wahrgenommen werden, in welche situationsabhängig unterschiedliche Werte eingesetzt werden können. Werden in den Zweck der Betrachtung Zusammenhänge verschiedener Größen einbezogen, scheint die letztgenannte Interpretation treffender.

Bei der Betrachtung des Umstellens von Gleichungen ohne Einbettung in einen (Sach-)Kontext, kann die Betrachtung der Variablen als Veränderliche in Frage gestellt werden. Naheliegender ist die Sichtweise der Variablen als Unbestimmte, da die Variablen als mehr oder minder bedeutungsloses syntaktische Zeichen vorliegen. Eine nähere Bedeutung kann ihnen nicht ohne Weiteres zugeschrieben werden, was auch nicht notwendig ist.

Abschließend ist festzuhalten, dass während des Umformens alle Variablen als Gegenstand im Kalkül (Variable als Unbestimmte) betrachtet werden können. Insbesondere mit Blick auf den Zweck scheinen Lösen, Normieren und Umstellen jedoch unterschiedliche Charakteristika von Variablen zu betonen (Tabelle 4.5).

Tabelle 4.5 Ziel(-gleichung), Zweck und Variablentyp von Lösen, Normieren, Umstellen im Vergleich anhand exemplarischer Aufgaben

	Lösen	Normieren	Umstellen
Aufgabenbeispiel	Löse die Gleichung $3x = 3 + x$.	Führe die Gleichung $4x^2 + x = 2x^2 - 1$ in die allgemeine Form quadratischer Gleichungen über.	Stelle die folgende Gleichung nach a um: $A = a \cdot b$.
Beispiele für mögliche Zielgleichungen	$x = \frac{3}{2}$ $2x = 3$	$x^2 + \frac{1}{2}x + \frac{1}{2} = 0$ $2x^2 + x + 1 = 0$	$a = \frac{A}{b}$
Ziel	Erzeugen einer Gleichung, aus der die Lösungsmenge erkennbar ist.	Gleichung in bestimmte allgemein Form überführen.	Isolieren einer bestimmten Variablen.
Zweck	Den „Wert" der Variablen ermitteln.	Ablesen bestimmter Parameter(werte).	Betrachten von Zusammenhängen verschiedener Größen.
Variablentyp	Variable als Unbekannte	Variable als Unbestimmte	Variable als Veränderliche

4.3.4.5 Vergleich im Überblick zur Pragmatik von Äquivalenzumformungen

Der vorangegangene Vergleich des Lösens, Normierens und Umstellens von Gleichungen zeigt, dass die Anwendungen nicht nur Gemeinsamkeiten sondern auch Unterschiede aufweisen. So ist das Umstellen einer Größengleichung, bei welcher mit Ausnahme einer Variablen die Werte aller Variablen gegeben sind, ähnlich zum Lösen. Allerdings unterscheiden sie sich weiterhin mit Blick auf das Ziel. Ebenso kann argumentiert werden, dass beim Normieren einer quadratischen Gleichung als Teil des Lösungsprozesses auch die Idee der Variablen als Unbekannte steckt. Die beiden Kontexte differieren aber hinsichtlich ihrer Ziele und des jeweiligen Zwecks. Die gewählten Beispiele zeigen, dass sich die Anwendungsbereiche hinsichtlich des Ziels, Zweckes, Gleichungstyps, Einbettung in einen (Sach-)Kontext und Variablentyps (Tabelle 4.6) unterscheiden können, wobei diese Auflistung an Unterscheidungskriterien keinen Anspruch auf Vollständigkeit erhebt. An dieser Stelle soll deutlich werden, dass eine Unterscheidung hinsichtlich der Anwendungsbereiche, wie sie Sill et al. (2010) in ihrer

Broschüre für Lehrkräfte beschreiben, gerechtfertigt scheint, wenngleich diese in Einzelfällen auch angezweifelt werden kann.

Tabelle 4.6 Überblick über den Vergleich zwischen Lösen, Normieren und Umstellen von Gleichungen

	Lösen	Normieren	Umstellen
Aufgabenbeispiel	Löse die Gleichung $3x = 3 + x$.	Führe die Gleichung $4x^2 + x = 2x^2 - 1$ in die allgemeine Form quadratischer Gleichungen über.	Stelle die folgende Gleichung nach a um: $A = a \cdot b$.
Beispiele für mögliche Zielgleichungen	$x = \frac{3}{2}$ $2x = 3$	$x^2 + \frac{1}{2}x + \frac{1}{2} = 0$ $2x^2 + x + 1 = 0$	$a = \frac{A}{b}$
Ziel	Erzeugen einer Gleichung, aus der die Lösungsmenge erkennbar ist.	Gleichung in bestimmte allgemein Form überführen.	Isolieren einer bestimmten Variablen.
Zweck	Den „Wert" der Variablen ermitteln.	Ablesen bestimmter Parameter(werte).	Betrachten von Zusammenhängen verschiedener Größen.
Gleichungstyp	Lineare Gleichungen	Quadratische Gleichung	Größengleichung
Einbettung in (Sach-)Kontext	Nicht gegeben	Nicht gegeben	gegeben
Variablentyp	Variable als Unbekannte	Variable als Unbestimmte	Variable als Veränderliche

4.3.5 Definition Umformungsfertigkeit

Das Lösen, Umstellen und Umformen von Gleichungen weisen mehrere potenzielle Unterschiede auf, die im vorangegangenen Abschnitt gegenübergestellt wurden. Gemein haben die drei Tätigkeiten, dass Äquivalenzumformungen von Bedeutung sind. Daher stellt sich die Frage nach einer übergreifenden Beschreibung der Anwendungen von Äquivalenzumformungen. In allen Situationen wird ausgehend von einer Startgleichung mittels Äquivalenzumformungen eine Zielgleichung erzeugt. Dabei ist die Beschaffenheit der Zielgleichung vom verfolgten Zweck abhängig.

Ausgangspunkt der Diskussion ist die Pragmatik, die sich unter anderem mit der Verwendung von Ausdrücken (siehe Abschnitt 4.3), in diesem Fall von Äquivalenzumformungen, befasst. Der Einsatz geht vom Individuum aus, weshalb die Umformungsfertigkeit definiert wird, die die Anwendung von Äquivalenzumformungen über die unterschiedlichen Anwendungsbereiche beschreibt:

Die Umformungsfertigkeit meint die Fertigkeit, Gleichungen erfolgreich aus einem Startzustand mittels Äquivalenzumformungen in einen zweckmäßigen Zielzustand zu überführen.

Dabei fällt die Wahl auf den Begriff Fertigkeit, da es sich hierbei um Aufgabenkönnen bzw. -wissen handelt. In Abgrenzung zur Fähigkeit oder Eigenschaft, welche jeweils stabile Merkmale sind, ist die Fertigkeit erlernbar (Bühner, 2021). Da das Umformen von Gleichungen in der Schule erlernt wird und trainiert werden kann, kann es als Fertigkeit beschrieben werden.

Der Startzustand beschreibt eine Gleichung, die im Rahmen einer Aufgabe vorgegeben wird, während der Zielzustand, der in Abschnitt 4.3.4 beschriebenen Zielgleichung entspricht. Eine Spezifizierung des Zielzustandes hinsichtlich der Zweckmäßigkeit ist notwendig, da die Zielgleichung nicht eindeutig definiert ist. Um dem Fokus dieser Arbeit auf Äquivalenzumformungen gerecht zu werden, wird dieser Begriff in der Definition der Umformungsfertigkeit hervorgehoben. So wird verdeutlicht, dass Termumformungen (wie zum Beispiel Faktorisieren) eine untergeordnete Rolle spielen.

4.4 Äquivalenzumformungen mit Blick auf Syntax, Semantik und Pragmatik

In diesem Kapitel wurde, aufbauend auf vorangegangenen Überlegungen, die Analyse des Begriffs der Äquivalenzumformungen mittels linguistischer Begriffe als Bezugspunkt diskutiert. Dabei erwiesen sich Syntax, Semantik und Pragmatik als hilfreiche Ausgangspunkte. Besonders hervorzuheben ist die subjektbezogene Sichtweise auf den Begriff. Die Berücksichtigung des Lernenden bietet einen Mehrwert gegenüber einer rein fachlichen Analyse und ist insbesondere mit Blick auf fachdidaktische Fragestellungen von Bedeutung. Somit kann diese Perspektive dann hilfreich sein, wenn es konkret um das Lernen (damit verbunden auch das Lehren) im Schulunterricht geht. Am deutlichsten zeigt sich dies auf der Ebene der Semantik, bei der mentale Repräsentationen als Teil der Kognition im Vordergrund stehen. Aber auch hinsichtlich Syntax und Pragmatik lassen sich Aspekte von Äquivalenzumformungen für die Einzelne bzw. den Einzelnen ableiten.

Auf Ebene der Syntax können Äquivalenzumformungen als syntaktische Regeln gesehen werden, welche beschreiben, wie mit Symbolen verfahren werden darf. Die Mathematik als Symbolsprache folgt bestimmten Konventionen, die es zu kennen gilt, um die Sprache korrekt anwenden zu können. Folglich stellen die Regeln für Äquivalenzumformungen, seien es Waageregeln, Elementarumformungsregeln oder gar andere Regeln, Wissenselemente dar. Für den korrekten Gebrauch dieser Regeln ist der Erwerb des entsprechenden Wissens notwendig.

Ausgehend von der Referenztheorie als Idee, dass Ausdrücke auf etwas verweisen, kann auf Ebene der Semantik eine Definition von Äquivalenzumformungen abgeleitet werden. Dabei werden Gleichungen so verstanden, dass sie auf die Lösungsmenge verweisen. Äquivalenzumformungen sind dabei Umformungen, die zu neuen Ausdrücken bzw. Gleichungen führen, welche auf die gleiche Menge (die Lösungsmenge) verweisen.

Mit der Definition von Bedeutung als etwas, das von einem Individuum als mentale Repräsentation abgerufen oder konstruiert wird, bringt die Semantik eine neue Facette ein. Mentale Repräsentationen von mathematischen Objekten sind auch in der Mathematikdidaktik in Form von Grundvorstellungen als inhaltliche Deutung von Bedeutung. Dabei kann mitunter zwischen einer normativen Ebene sowie einer deskriptiven Ebene unterschieden werden. Deskriptive Grundvorstellungen beziehen sich darauf, was sich die bzw. der Einzelne unter einem Begriff vorstellt und werden auch als individuelle Grundvorstellungen beschrieben. Hierbei werden Grundvorstellungen also als subjektabhängige Deutungen verstanden. Demgegenüber stehen auf normativer Ebene die Vorstellungen, die aufgebaut werden sollen (bspw. als Ziel des Unterrichts). Grundvorstellungen werden in dieser Sichtweise eher als Mittel der Begriffsbildung interpretiert, welche eine sinnstiftende Funktion durch Anknüpfen an Bekanntes erfüllen sollen.

In der didaktischen Diskussion von Äquivalenzumformungen wird häufig das Waagemodell herangezogen, um Waageregeln zu veranschaulichen. Daher wurde oben zunächst der Modellbegriff im Allgemeinen sowie weitere (alternative) Modelle diskutiert. Hierbei wird deutlich, dass die verschiedenen Modelle Gleichungen und nicht Umformungen repräsentieren. Die mentalen Operationen am Modell wiederum sind es, die den Umformungen bzw. Äquivalenzumformungen entsprechen. Dass die Gleichheit erhalten bleibt, ist eine Folge der korrekten Anwendung. Folglich bilden diese Modelle zunächst lediglich Gleichungen ab und können für sich genommen auch (noch) keine Grundvorstellungen von Äquivalenzumformungen darstellen. Vielmehr ist es die Kombination aus Modell und Handlung am Modell. Die Handlungen am Modell, welche Äquivalenzumformungen im Sinne der Elementarumformungs- bzw. Waageregeln repräsentieren, lassen sich im Allgemeinen als „auf beiden Seiten das Gleiche tun" (Waageregeln) bzw. „Rechenzeichenwechsel bei Seitenwechsel" (Elementarumformungsregeln) beschreiben. Dabei kommt dem Modell selbst die sinnstiftende Funktion zu, an welchem die Operationstypen und deren Gültigkeit veranschaulicht werden kann. Ziel ist es dabei, die Handlungen am Modell im weiteren Verlauf auch auf Gleichungen anwenden zu können.

Unter Zuhilfenahme des Begriffs der Pragmatik wurden oben das Lösen, Normieren und Umstellen von Gleichungen als mögliche Anwendungen von Äquivalenzumformungen diskutiert. Diese drei Anwendungen weisen Gemeinsamkeiten auf. Es lassen sich aber auch Unterschiede feststellen. Letztlich ist für jeden dieser Anwendungsbereiche und diskutierten Beispiele die Aufrechterhaltung der Lösungsmenge als Eigenschaft von Äquivalenzumformungen von Bedeutung.

Es ist anzumerken, dass die hier herangezogenen Begriffe der Syntax, Semantik und Pragmatik zur Analyse von Äquivalenzumformungen den linguistischen Disziplinen kaum in Gänze gerecht werden können. Durch den Diskurs konnten jedoch unterschiedliche Facetten von Äquivalenzumformungen mit Blick auf die Lernenden herausgestellt werden. Auf syntaktischer Ebene können Äquivalenzumformungen als Regeln beschrieben werden, die unterschiedliche Operationen auf symbolischer Ebene erlauben. Diese Regeln wiederum lassen sich auf unterschiedliche Weisen mental repräsentieren (Semantik) und auf verschiedene Anwendungen anwenden (Pragmatik). Daher sind Äquivalenzumformungen aus syntaktischer Perspektive als Regeln auch für die beiden anderen Ebenen von Bedeutung.

Forschungsfragen

5

Aus der Diskussion von Äquivalenzumformungen hinsichtlich Syntax, Semantik und Pragmatik ergeben sich unterschiedliche Fragestellungen. Der Fokus liegt hierbei auf der Semantik und der Pragmatik sowie der Verknüpfung dieser beiden Ebenen. Die Syntax wird implizit berücksichtigt.

Hinsichtlich der Pragmatik wurden auf theoretischer Ebene Unterschiede zwischen dem Lösen, Normieren und Umstellen (mit und ohne Einbettung in einen Kontext) von Gleichungen festgestellt. Fraglich ist, ob diese Unterscheidung der Anwendungsbereiche auch praktisch bedeutsam ist und sich empirisch nachweisen lässt, da diese Bereiche auch Gemeinsamkeiten aufweisen. Dies wird in folgender Forschungsfrage aufgegriffen:

FF1: *Ist die Umformungsfertigkeit von Schülerinnen und Schülern der 9. und 10. Jahrgangsstufe vom jeweiligen Anwendungsbereich abhängig?*

Hinsichtlich der Abhängigkeit der Umformungsfertigkeit vom Anwendungsbereich lassen sich unterschiedliche Hypothesen formulieren. Eine erste These geht davon aus, dass Äquivalenzumformungen gleichermaßen in allen Anwendungsbereichen anwendbar sind. Die Umformungsfertigkeit wird daher als ein eindimensionales Konstrukt aufgefasst, das herangezogen werden kann, um Ausprägungen zum Umformen in den unterschiedlichen Anwendungsbereichen zu erklären. Die hiermit verbundene Hypothese lautet:

H1: *Die Umformungsfertigkeit ist ein eindimensionales Konstrukt.*

N. Noster, *Deutungen und Anwendungen von Äquivalenzumformungen*, Studien zur theoretischen und empirischen Forschung in der Mathematikdidaktik, https://doi.org/10.1007/978-3-658-43280-5_5

Es ist auch denkbar, dass die Umformungsfertigkeit vom jeweiligen Anwendungsbereich abhängig ist. Das heißt, die Umformungsfertigkeit stellt ein mehrdimen-
sionales Konstrukt dar, wobei jeder Anwendungsbereich eine eigene Dimension
bildet. Um die Bedeutung der Einbettung in einen (Sach-)Kontext beim Umstellen zu untersuchen, werden beide Varianten des Umstellens (mit bzw. ohne
Einbettung) jeweils als einzelne Konstrukte betrachtet. Daraus resultieren dann
vier Anwendungsbereiche: Lösen, Normieren, Umstellen mit Einbettung in einen
(Sach-)Kontext und Umstellen ohne Einbettung in einen (Sach-)Kontext. Diese
Struktur wird mit folgender Hypothese untersucht:

H2:   *Die vier unterschiedlichen Anwendungsbereiche stellen jeweils ein eigenes*
        Konstrukt der Umformungsfertigkeit dar.

Die dritte und letzte Hypothese, die im Rahmen der Umformungsfertigkeit unter-
sucht wird, geht davon aus, dass sich die Einbettung der Gleichung in einen
(Sach-)Kontext beim Umstellen von Gleichungen nicht auf die Fertigkeit zum
Umformen von Gleichungen auswirkt. Daraus resultiert die Betrachtung der
Umformungsfertigkeit in einem Modell, das aus drei latenten Variablen besteht.

H3:   *Die Anwendungsbereiche zum Umstellen von Formeln bilden ein gemein-*
        sames Konstrukt, so dass die Umformungsfertigkeit durch drei Konstrukte
        beschrieben wird.

Auf der Ebene der Semantik wurden zwei Handlungsgrundsätze („auf beiden Seiten das Gleiche tun" oder „Rechenzeichenwechsel bei Seitenwechsel")
herausgearbeitet, die auf Äquivalenzumformungen als Waage- bzw. Elementarumformungsregeln fußen. Von Interesse ist, ob sich mentale Repräsentationen
im Sinne der Handlungsgrundsätze bei Lernenden wiederfinden lassen, was in
folgender Forschungsfrage aufgegriffen wird:

FF2:   *Inwieweit lassen sich in Beschreibungen von Schülerinnen und Schülern*
        der 9. und 10. Klasse Hinweise auf Handlungsgrundsätze identifizieren?

Mit der dritten und letzten Forschungsfrage soll untersucht werden, ob ein Zusammenhang zwischen der Umformungsfertigkeit und dem beschriebenen Handlungsgrundsatz besteht, um mögliche Rückschlüsse auf wünschenswerte Deutungen ziehen zu können. Hierzu wird die folgende Forschungsfrage formuliert:

FF3: *Besteht ein Zusammenhang zwischen einem beschriebenen Handlungsgrundsatz und der Umformungsfertigkeit von Schülerinnen und Schülern der 9. und 10. Jahrgangsstufe?*

Design der Untersuchung

6

Zur Beantwortung der in Kapitel 5 formulierten Forschungsfragen ist ein geeignetes Untersuchungsdesign zu wählen. Es wird in erster Linie der Zweck verfolgt, wissenschaftliche Erkenntnisse zu erzeugen, weshalb die vorliegende Arbeit im Bereich der Grundlagenforschung zu verorten ist (Döring & Bortz, 2016f). Zur Erzeugung der neuen Erkenntnisse werden systematisch Daten mittels eines hierfür entwickelten Instruments (Kapitel 7) erhoben. Daher handelt es sich um eine empirische Originalstudie (Döring & Bortz, 2016f), die so zuvor nicht durchgeführt wurde. Da die Forschungsfragen keine Untersuchung von Kausalitäten erfordert, findet keine systematische Variation unabhängiger Variablen statt, so dass von einem nicht-experimentellen Design gesprochen werden kann (Döring & Bortz, 2016f). Die Daten werden zu einem Zeitpunkt und ohne Wiederholung erhoben, so dass es sich um eine Querschnittsstudie handelt (Döring & Bortz, 2016f). Zur Untersuchung der einzelnen Forschungsfragen werden unterschiedliche Forschungsansätze verfolgt. Allgemein kann zwischen qualitativen und quantitativen Ansätzen sowie Mixed-Methods-Ansätzen unterschieden werden. Letztere stellen eine Kombination der ersten beiden Ansätze dar. Dabei sollte die Wahl mit Blick auf die Forschungsfrage getroffen werden und der geeignetste Ansatz herangezogen werden (Döring & Bortz, 2016f).

Im Rahmen von Forschungsfrage 1 wurden unterschiedliche Hypothesen gebildet, die untersucht werden. Hierfür wird ein quantitativer Ansatz gewählt, der sich dadurch auszeichnet, dass Hypothesen anhand einer Vielzahl von Untersuchungseinheiten mittels statistischer Verfahren diskutiert werden (Döring & Bortz, 2016f). Zu diesem Zweck werden zu den jeweiligen Hypothesen entsprechende Modelle formuliert, die mittels einer konfirmatorischen Faktorenanalyse geprüft werden sollen (Bühner, 2021).

© Der/die Autor(en), exklusiv lizenziert an Springer Fachmedien Wiesbaden GmbH, ein Teil von Springer Nature 2023
N. Noster, *Deutungen und Anwendungen von Äquivalenzumformungen*, Studien zur theoretischen und empirischen Forschung in der Mathematikdidaktik, https://doi.org/10.1007/978-3-658-43280-5_6

Forschungsfrage 2 ist offen gestellt und fokussiert die Untersuchung von Beschreibungen. Hierfür wird ein qualitativer Ansatz verfolgt, der unter anderem eine Gegenstandsbeschreibung zum Ziel hat, die auf Basis interpretativ ausgewerteter verbaler bzw. visueller Daten erfolgt (Döring & Bortz, 2016f). Hierfür wird auf die qualitative Inhaltsanalyse zurückgegriffen, die sich unter anderem dafür eignet, um größere Datenmengen auszuwerten (Döring & Bortz, 2016b), was für die dritte und letzte Forschungsfrage von Bedeutung ist.

Mit Forschungsfrage 3 soll die Frage diskutiert werden, ob ein Zusammenhang zwischen den in Forschungsfrage 2 geäußerten Beschreibungen und der Umformungsfertigkeit besteht. Daher wird hierfür ein Mixed-Methods-Ansatz gewählt, der qualitative und quantitative Ansätze zum Zweck des Erkenntnisgewinns kombiniert (Döring & Bortz, 2016f). Konkret sollen Personen auf Grund ihres Wissens in Gruppen eingeteilt werden und die Mittelwerte der verschiedenen Gruppen in einem Test zum Umformen miteinander verglichen werden.

Jede Forschungsfrage wird anhand eines anderen Forschungsansatzes diskutiert, wodurch nicht nur jeweils eine eigene Tiefe, sondern auch eine gewisse Breite an Ergebnissen erzielt wird. Die methodische Umsetzung, beginnend mit der Operationalisierung des jeweiligen Forschungsansatzes, ist im Folgenden jeweils im Detail dargestellt.

Operationalisierung

7

Unter der Operationalisierung wird die Auswahl und Festlegung der Beobachtungen eines Konstruktes verstanden (Döring & Bortz, 2016c). Hierzu wird zunächst auf die Festlegung der Beobachtungseinheiten zur Erfassung der Umformungsfertigkeit eingegangen, bei denen es sich um Anwendungen von Äquivalenzumformungen (Abschnitt 4.3) handelt (Forschungsfragen 1 und 3). Anschließend wird vorgestellt, wie Beschreibungen von Äquivalenzumformungen beobachtet und fixiert werden (Forschungsfrage 2 und 3).

7.1 Items zur Anwendung von Äquivalenzumformungen

Zunächst ist es notwendig das zu messende Konstrukt festzulegen und Beobachtungsmöglichkeiten zu identifizieren. Diese lassen Rückschlüsse auf das zu messende Konstrukt zu (Rost, 2004). Hierzu dienen *Items*, die die „kleinste Beobachtungseinheit in einem Test" (Rost, 2004, S. 55) darstellen. Hinsichtlich der Items kann zwischen einem Itemstamm und dem Antwortformat unterschieden werden (Rost, 2004). Der Itemstamm stellt die Situation, in der die Beobachtung stattfinden soll, dar – in diesem Fall die Beantwortung von Fragen eines Tests. Dabei sind unterschiedliche Antwortmöglichkeiten denkbar (bspw. Single-Choice, Multiple-Choice, offene Antwort) (Rost, 2004). Bezüglich der Konstruktion des Messinstrumentes gilt es, das Itemuniversum bzw. die Itempopulation, also all jene Items zu beschreiben, die sich zur Beobachtung eignen. Aus dieser Menge wiederum ist eine Stichprobe zu ziehen, auf deren Basis das Konstrukt erfasst werden soll (Rost, 2004).

© Der/die Autor(en), exklusiv lizenziert an Springer Fachmedien Wiesbaden GmbH, ein Teil von Springer Nature 2023
N. Noster, *Deutungen und Anwendungen von Äquivalenzumformungen*, Studien zur theoretischen und empirischen Forschung in der Mathematikdidaktik, https://doi.org/10.1007/978-3-658-43280-5_7

Das zu messende Konstrukt ist die Umformungsfertigkeit (Abschnitt 4.3.5). In der Definition sind verschiedene Aspekte genannt, die in Bezug zur Pragmatik (Abschnitt 4.3) zu verstehen sind. Die einzelnen Bestandteile der Umformungs- fertigkeit werden zunächst allgemein beschrieben, bevor sie kontextspezifisch erläutert werden.

Unter einer Gleichung wird die Gleichsetzung zweier Terme A, B verstanden, die wie folgt ausgedrückt wird: $A = B$. Der Startzustand der Gleichung ent- spricht jener Gleichung, die im Itemstamm bzw. der Aufgabenstellung genannt wird. Unter zweckmäßigem Zielzustand ist jene Gleichung zu verstehen, die es der umformenden Person erlaubt, das jeweilige Ziel des Anwendungsberei- ches zu erreichen – also den jeweiligen Zweck erfüllt. Die Überführung einer Gleichung aus dem Start- in den Zielzustand soll über Äquivalenzumformun- gen erfolgen. Dies kann zwar nicht vollständig gewährleistet werden, aber durch geeignete Wahl der Startgleichungen zumindest begünstigt werden, indem die Variablen auf beiden Seiten der Gleichung auftreten (Filloy, Puig & Rojano, 2008; Linchevski & Herscovics, 1996). Dies betrifft insbesondere das Lösen von Gleichungen.

Das Umformen von Gleichungen lässt verschiedene Freiräume in der Aus- führung. So können beispielsweise Waage- oder Elementarumformungsregeln gewählt und effizientere oder weniger effiziente Umformungen durchgeführt wer- den. Um im Testinstrument hinreichende Freiräume bei der Beantwortung zu überlassen, wird ein freies Antwortformat gewählt. Dieses zeichnet sich dadurch aus, dass die Befragten ihre Antwort selbst formulieren (Rost, 2004). In diesem Falle liegt es nahe, dass eine Beantwortung in der mathematischen Symbolsprache erfolgt.

7.1.1 Lösen

Im Itemstamm zum Lösen von Gleichungen wird jeweils eine Gleichung genannt, zu der es die Lösungsmenge zu bestimmen gilt. Da dies über Äquivalenzumfor- mungen erfolgen soll, werden lineare Gleichungen als Startzustand aufgeführt, in denen auf beiden Seiten des Gleichheitszeichens die Variable auftritt. Deren Wert ist zu ermitteln. In Gleichungen dieser Art sind andere Verfahren als das Lösen durch Umformen nur bedingt praktikabel, wodurch die Anwendung von Äqui- valenzumformungen begünstigt werden soll. Ziel ist es hierbei, eine Gleichung zu erzeugen, aus der die Lösungsmenge erkennbar ist. Für eine Person kann aus der Gleichung $2x = 3$ erkennbar sein, dass die Lösungsmenge aus dem Element $1, 5$ bzw. $\frac{3}{2}$ besteht, während es für eine weitere Person notwendig sein kann, die Gleichung bis zu $x = \frac{3}{2}$ umzuformen. Das heißt, eine dem Zweck dienliche Zielgleichung kann von Person zu Person unterschiedlich sein. Daher wird in den Itemstamm zur Gleichung im Startzustand außerdem ein Hinweis zur expliziten Benennung der Lösungsmenge in der Form „$\mathcal{L} =$" aufgenommen. Da die formale Darstellung eine untergeordnete Rolle spielt und die Schreibweisen in der Schulpraxis variieren können, wird auf Klammern verzichtet. Auf diese Weise wird berücksichtigt, dass die Zielgleichung variieren kann und nicht notwendigerweise eine Gleichung der Form $x = a$ (wobei a für eine Zahl steht) erzeugt werden muss. Die Zielerreichung des Erzeugens einer zweckmäßigen Gleichung wird bei der Auswertung dadurch geprüft, dass entweder die Lösungsmenge korrekt ermittelt oder eine Gleichung der Form $x = a$ erzeugt wird, aus der problemlos die Lösungsmenge erkennbar ist (selbst wenn die befragte Person diese nicht erkennt oder benennt).

Im Allgemeinen kann davon ausgegangen werden, dass die Grundmenge bei fehlender Angabe maximal ist. Um mögliche Missverständnisse zu vermeiden, wird dem mit einem Hinweis begegnet.

Tabelle 7.1 Itemstamm zum Lösen von Gleichungen für die Gleichung $x = 5 - 2x$

Bestimme x (x steht für eine reelle Zahl).
$x = 5 - 2x$
$\mathcal{L} =$

Der Itemstamm besteht daher aus einer linearen Gleichung, dem Zusatz „$\mathcal{L} =$" zur Erfragung der Lösungsmenge sowie der Aufforderung, die gegebene Gleichung zu lösen samt Hinweis zur Grundmenge (Tabelle 7.1). Das Itemuniversum zum Lösen von Gleichungen kann anhand dieser Elemente beschrieben werden. Es umfasst eine beliebige lineare Gleichung in Kombination mit den beiden anderen Elementen des Itemstamms, die konstant sind. Dabei wird die Menge der linearen Gleichungen auf solche eingeschränkt, in denen die zu ermittelnde Variable auf beiden Seiten der Gleichung auftritt und für eine konkrete Zahl steht bzw. die Gleichung keine weiteren Variablen bzw. Parameter enthält. Um das Raten der Lösungsmenge zu erschweren, werden vorrangig Gleichungen herangezogen, deren Variablenwerte aus nichtganzzahligen Ergebnissen bestehen.

7.1.2 Normieren

Beim Normieren von Gleichungen wird eine quadratische Gleichung im Itemstamm angegeben. Zudem beinhaltet der Itemstamm die Aufforderung, die Gleichung in die allgemeine Form quadratischer Gleichungen zu überführen. Die Wahl fällt hierbei auf diese Form, da die einzelnen Parameter (bspw. zum Einsetzen in eine Lösungsformel) abgelesen werden können. Da in diesem Fall die Zielgleichung (eine Gleichung der Form $a \cdot x^2 + bx + c = 0$) definiert ist, wird auf den Zweck und damit das tatsächliche Ablesen der Parameterwerte verzichtet, da dies nicht von Umformungsfertigkeit abgedeckt ist. Im Kontext des Lösens wurde der Zweck als zusätzliche Instanz hinzugezogen, da der Zielzustand nur bedingt eindeutig ist und er anhand des Zwecks besser beurteilt werden kann.

Tabelle 7.2 Exemplarischer Itemstamm zum Normieren quadratischer Gleichungen

Bringe die nachfolgende quadratische Gleichung in die Form $ax^2 + bx + c = 0$ (x steht für eine oder mehrere reelle Zahlen).
$x^2 + 9x + 1 = 2x + 5$

Der Itemstamm enthält die Aufforderung eine quadratische Gleichung in eine bestimmte Form zu überführen, den Hinweis aus welcher Zahlenmenge die Variable stammt, sowie die normierende Gleichung (Tabelle 7.2).

Als Gleichung im Startzustand kommen zunächst alle quadratischen Gleichungen mit einer Variable in Frage. Das Itemuniversum wird jedoch auf jene Gleichungen eingeschränkt, bei denen (ähnlich zum Lösen von Gleichungen) die Variable auf beiden Seiten der Gleichung auftritt, um die Anwendung von Äquivalenzumformungen einzufordern.

7.1.3 Umstellen

Der Itemstamm zum Umstellen von Gleichungen enthält eine Gleichung sowie den Hinweis, nach welcher Variablen die Gleichung umzustellen ist. Der Hinweis ist notwendig, um den gewünschten Zielzustand zu beschreiben, da hier Gleichungen präsentiert werden, die aus mehreren unterschiedlichen Variablen bestehen und ein schlichtes „Auflösen nach der Variable" nicht eindeutig ist. Da es um die Umformungsfertigkeit geht, die durch das Isolieren der Variablen beobachtbar wird, wird der Zweck des Betrachtens von Zusammenhängen verschiedener Größen (Abschnitt 4.3.4) außenvorgelassen.

Als Gleichungen können sämtliche Gleichungen dienen, die mindestens zwei unterschiedliche Variablen beinhalten. Für das Umstellen wird die Menge der in Frage kommenden Gleichungen eingeschränkt. Dabei werden solche Gleichungen herangezogen, die aus dem schulischen Kontext bekannt sein dürften, deren Variablen Größen beschreiben und bspw. in der Geometrie Anwendung finden. Der Kontext, den die jeweilige Gleichung beschreibt, wird in den Itemstamm aufgenommen. In der Variante zum Umstellen ohne Einbettung in einen (Sach-)Kontext entfällt diese Information. In beiden Varianten werden ausschließlich Gleichungen gewählt, deren Variablen einen Exponenten von 1 aufweisen, um Umformungen im Sinne des beidseitigen Potenzierens zu vermeiden.

Tabelle 7.3 Exemplarischer Itemstamm zum Umstellen von Gleichungen mit Einbettung in einen (Sach-)Kontext (links) und ohne Einbettung (rechts)

Mit der nachfolgenden Gleichung wird der Flächeninhalt eines Rechtecks beschrieben. Alle Variablen stehen für positive reelle Zahlen. Löse nach b auf: $$A = a \cdot b$$	Alle Variablen stehen für reelle Zahlen. Löse nach z auf: $$x = y \cdot z$$

Der Vollständigkeit wegen wird außerdem angegeben, welche Zahlenwerte die Variablen einnehmen können. Daher besteht der Itemstamm neben dieser Information aus einer Gleichung, ggf. der Beschreibung des (Sach-)Kontexts sowie dem Hinweis, nach welcher Variable umzustellen ist (Tabelle 7.3). Das Itemuniversum kann als solches beschrieben werden, das all diese Elemente enthält. Der (Sach-)Kontext wird zum Zwecke der Untersuchung auf Beispiele aus dem Mathematikunterricht eingeschränkt, welche mehrere Variablen enthalten, wobei keine Variable einen anderen Exponenten als eins hat. Zur Untersuchung der Bedeutsamkeit des (Sach-)Kontextes werden diese Items parallelisiert, indem die Variablenbezeichnungen geändert werden und die Beschreibung des (Sach-)Kontexts nicht in den Itemstamm aufgenommen wird (Tabelle 7.3).

7.1.4 Kriterien zur Itemwahl

Nachdem die Art der Items bzw. die Itempopulation/das Itemuniversum beschrieben wurde, gilt es der Frage nachzugehen, welche Items herangezogen und in das Testinstrument integriert werden. Eine zufällige Ziehung bzw. Generierung von Items wäre zwar denkbar, jedoch sollten insbesondere solche Items gewählt werden, die eine möglichst große Varianz bzw. Vielfalt an Antworten erzeugt. Dies ist bei einer zufälligen Ziehung nicht zwangsläufig gewährleistet. Im Falle eine Leistungstests geht die Varianz mit der relativen Lösungshäufigkeit einher (Rost, 2004). Im Vorfeld lässt sich diese jedoch nur bedingt einschätzen. Es werden daher Aufgaben mit potenziell unterschiedlichen und eher hohen Aufgabenschwierigkeiten einbezogen. Die Variation der potenziellen Aufgabenschwierigkeit hat zum Zweck, dass nicht nur Aufgaben mit sehr hohen oder sehr niedrigen relativen Lösungshäufigkeiten gewählt werden. Zudem lässt sich somit das Leistungsspektrum der Lernenden angemessener abbilden.

Das erste Merkmal hinsichtlich der Schwierigkeit ist bereits durch den Umstand gegeben, dass auf beiden Seiten der Gleichung Variablen auftreten, um die Anwendung von Äquivalenzumformungen zu begünstigen (Filloy, Puig & Rojano, 2008; Linchevski & Herscovics, 1996). Gleichungen dieser Art zu lösen bzw. umzuformen gehört zu den anspruchsvollsten Aufgaben ihrer Art (Stahl, 2000), weshalb hier bereits von Grund auf eine gewisse Schwierigkeit sowie Streuung im Antwortverhalten anzunehmen ist.

Weiterhin scheint der Zahlenraum, in dem die Lösung liegt, ein entscheidender Faktor zu sein (Stahl, 2000). Auch dies soll beim Lösen von Gleichungen berücksichtigt werden. Um die Ratewahrscheinlichkeit oder Anwendung alternativer Strategien zu mindern, werden natürliche Zahlen als Lösung gemieden und vorzugsweise rationale Zahlen hinzugezogen. Dabei ist anzumerken, dass dieser Prädiktor für Aufgabenschwierigkeit sich hauptsächlich auf das Lösen von Gleichungen bezieht. Hinsichtlich des Umstellens sowie Normierens von Gleichungen wird keine Lösungsmenge ermittelt, weshalb diese auch nicht berücksichtigt wird. Allerdings sollen aufwändige Berechnungen vermieden werden, um die Items möglichst gut auf die Anwendung von Äquivalenzumformungen zu reduzieren, weshalb hier ein Zahlenraum von -10 bis $+10$ gewählt wird, der sich hauptsächlich aus ganzen Zahlen und weniger komplexen Brüchen zusammensetzt.

In einer Untersuchung stellte Stahl (2000) fest, dass der letzte Umformungsschritt beim Lösen von Gleichungen am häufigsten fehlerbehaftet ist. Dies weist auf einen Zusammenhang zwischen Schwierigkeit und Anzahl der notwendigen Umformungsschritte hin. Daher soll bei der Konstruktion der Items die Anzahl der notwendigen Umformungsschritte systematisch von 1 bis 3 variiert werden.

Dabei wird ein Umformungsschritt als beidseitiges Verknüpfen einer Zahl bzw. einem Produkt aus Zahl und Variable verstanden. Während beim Umstellen und Normieren das Endziel klar definiert ist, ist dies, wie oben diskutiert, beim Lösen nicht der Fall (Abschnitt 4.3). Hier wird zum Zweck der Bestimmung der mindestens notwendigen Anzahl an Umformungsschritten die Zielgleichung $x = a$ (wobei a für eine Zahl steht) gewählt.

Auf Basis dieser Kriterien werden pro Anwendungsbereich sechs Items konstruiert. Jeweils zwei Items erfordern die gleiche Anzahl an notwendigen Umformungsschritten, weshalb die Items eines Anwendungsbereichs jeweils in zwei Blöcke zu drei Items zerlegt werden können, was an späterer Stelle zur Bildung der alternativen Modelle von Bedeutung ist (siehe Abschnitt 8.2). Hinsichtlich des Umstellens werden diese sechs Items parallelisiert und einmal in einen (Sach-)Kontext eingebettet und einmal ohne Einbettung gestellt. Zu diesem Zweck werden die Variablennamen ausgetauscht und die Erläuterung dazu, was die Gleichung beschreibt, aus dem Itemstamm entfernt.

Die Konstruktion der Items erfolgte auf Basis der theoretisch diskutierten Anwendungsbereiche von Äquivalenzumformungen (Abschnitt 4.3). Es wurde jeweils eine Itempopulation/ein Itemuniversum beschrieben, aus dem mittels Kriterien zur Gewährleistung von Varianz eine Teilmenge gebildet wurde. Diese Teilmenge enthält weiterhin eine (nahezu) unendliche Menge an Elementen, aus denen jeweils sechs Items gezogen werden. Diese Vorgehensweise ist wichtig (Abschnitt 8.2.1), um zu gewährleisten, dass es sich hierbei um reflektive Items handelt. Damit ist gemeint, dass eine zugrundeliegende Personenfähigkeit für das Antwortverhalten verantwortlich ist und diese nicht definiert, was wiederum für die Analyse der Daten von immenser Bedeutung ist (Backhaus et al., 2015; Zinnbauer & Eberl, 2014).

7.2 Item zur Beschreibung von Äquivalenzumformungen

Während die zuvor beschriebenen Items dazu dienen, die Umformungsfertigkeit zu erfassen, soll an dieser Stelle ein Item beschrieben werden, das mögliche Rückschlüsse darauf zulässt, inwieweit Äquivalenzumformungen mental als Waage- oder Elementarumformungsregeln repräsentiert werden. Hierzu dienen Beschreibungen von Äquivalenzumformungen. Es wird angestrebt die Teilnehmenden möglichst wenig zu beeinflussen, weshalb ein offenes Antwortformat gewählt wird, das es erlaubt, das Wissen nach Belieben auszuführen. Im Itemstamm wird auf den Begriff der Äquivalenzumformung verzichtet, da nicht zwingend davon ausgegangen werden kann, dass der Begriff geläufig ist, was man unter anderem daran erahnen kann, dass dieser Begriff nicht in allen Schulbüchern (siehe Kapitel 3) oder dem aktuell auslaufenden Lehrplan des bayerischen Gymnasiums (der die Stichprobe betrifft) nicht genannt wird (ISB, 2004). Auch ohne den Namen des Begriffs zu kennen, ist es möglich, Äquivalenzumformungen anwenden zu können und entsprechende Regeln zu kennen.

Für die Befragung wird die Idee des Concept Images (Abschnitt 4.2.2) herangezogen. Durch sensorische Stimulierung können Teile eines Concept Image aktiviert werden (Tall & Vinner, 1981). Dies soll dadurch erfolgen, dass den Befragten ein Paar äquivalenter Gleichungen präsentiert wird, die durch eine einfache Umformung ineinander überführt werden können. Dabei werden keine Hinweise zur Umformung gegeben.

Für das Beispiel im Itemstamm werden zwei Gleichungen gewählt, wie sie beim Lösen auftreten können. Die Wahl fällt auf diesen Anwendungsbereich, da in diesem Kontext das Umformen von Gleichungen typischerweise eingeführt und thematisiert wird. Es wird folgendes Beispiel gewählt:

$$2 + x = 7$$

$$x = 5$$

Das Gleichungspaar allein ist jedoch nicht ausreichend, um eine Antwort zu erhalten. Daher erfolgt zusätzlich der Hinweis, dass es sich hierbei um ein Beispiel handelt, bei welchem eine Gleichung umgeformt wurde. Außerdem werden die Befragten darum gebeten, kurz in Worten zu beschreiben, wie die obere Gleichung umgeformt wurde. Der Itemstamm sieht dann wie folgt aus:

Im folgenden Beispiel ist eine Gleichung umgeformt worden:

$$2 + x = 7$$
$$x = 5$$

Beschreibe kurz in Worten, wie die obere Gleichung umgeformt wurde:

Impulse wie dieser aktivieren unter Umständen nur einen Teil des Concept Images. Durch die Platzierung dieses offenen Items im Anschluss an die Items zum Umformen von Gleichungen zu Forschungsfrage 1, wurden bereits ähnliche und ggf. weitere Teile des Concept Images zum Umformen von Gleichungen aktiviert und angesprochen, so dass hier eine repräsentativere Antwort erwartbar ist, als wenn das Item zur Beschreibung der Umformung ohne weitere Impulse gestellt wird.

Methodik der Auswertung

Zur Analyse der Daten, die anhand der zuvor beschriebenen Items (Kapitel 7) erhoben wurden, stehen unterschiedliche Methoden zur Verfügung. Bevor diese diskutiert werden, wird kurz auf die Hauptgütekriterien der Forschung eingegangen, die die Qualität der Untersuchung sichern soll.

8.1 Gütekriterien

Um die Aussagekraft von Messwerten zu sichern, werden unterschiedliche Gütekriterien formuliert, wobei Objektivität, Reliabilität und Validität die Hauptgütekriterien darstellen (Bühner, 2021).

Die Objektivität meint die Unabhängigkeit der Messwerte von der durchführenden Person. Hierbei kann zwischen Objektivität in Durchführung, Auswertung sowie Interpretation unterschieden werden. Die Objektivität in der Durchführung wird sichergestellt, indem durch ein Manual festgelegt wird, wie bei der Erhebung vorzugehen ist, so dass die Rahmenbedingungen möglichst konstant gehalten werden. Ähnlich verhält es sich mit der Objektivität in der Auswertung. Hier ist festgelegt, wie eine Antwort zu bewerten ist. Zur Prüfung kann die Übereinstimmung der Auswertung unterschiedlicher Personen anhand eines entsprechenden Manuals herangezogen werden. Für dichotome Daten kann dies anhand des Koeffizienten Cohens Kappa erfolgen (Abschnitt 10.2; Bühner, 2021). Um zu gewährleisten, dass die Interpretation der Testergebnisse unabhängig ist, werden Schwellenwerte zur Bestimmung der Bedeutsamkeit für die jeweiligen Koeffizienten herangezogen (Abschnitt 8.2.2.7; Döring & Bortz, 2016b).

© Der/die Autor(en), exklusiv lizenziert an Springer Fachmedien Wiesbaden GmbH, ein Teil von Springer Nature 2023
N. Noster, *Deutungen und Anwendungen von Äquivalenzumformungen*, Studien zur theoretischen und empirischen Forschung in der Mathematikdidaktik, https://doi.org/10.1007/978-3-658-43280-5_8

Die Reliabilität beschreibt die Zuverlässigkeit bzw. Genauigkeit eines Messwertes. Hierzu kann die interne Konsistenz anhand eines Koeffizienten bestimmt werden (bspw. Cronbachs Alpha, siehe hierzu Abschnitt 8.2.2.7). Hierbei werden alle Items als einzelne Tests betrachtet und geprüft, inwieweit diese miteinander korrelieren (Bühner, 2021).

Die Validität hingegen beschreibt die Passung zwischen Messwert und dem Konstrukt, das es zu messen gilt. Hierbei kann zwischen unterschiedlichen Arten der Validität unterschieden werden. Die Inhaltsvalidität bezieht sich auf die Testitems selbst. Anders als bspw. bei der Reliabilität, kann diese nicht durch eine statistische Maßzahl beschrieben werden. Von Bedeutung ist, dass die gewählten Items repräsentativ für alle Items sind, die das Konstrukt beschreiben (Abschnitt 7.1). Mit ihr in Zusammenhang steht die Augenscheinvalidität, die meint, dass (auch) für Laien das zu messende Konstrukt erkennbar ist. Darüber hinaus kann die Validität durch Untersuchung von Korrelationen mit weiteren Kriterien (Kriteriumsvalidität) oder anderen Konstrukten (konvergente/divergente Validität) geprüft werden. Eine weitere Form der Validität stellt die Faktorenanalyse dar, bei der Messwerte eines Inhaltsbereiches zusammengefasst und von konstruktfremden Bereichen getrennt werden (Abschnitt 8.2; Bühner, 2021).

Die hier aufgeführten Gütekriterien beziehen sich in erster Linie auf psychologische bzw. quantitative Tests. Während eine Übertragung auf inhaltsanalytische Verfahren umstritten ist (Döring & Bortz, 2016d; Mayring, 2022), haben sich keine einheitlichen Gütekriterien für qualitative Forschung etabliert (Döring & Bortz, 2016d; Kuckartz, 2016). Kuckartz (2016) schlägt vor, bei der Diskussion der Güte von qualitativen Inhaltsanalysen die interne Studiengüte als Glaubwürdigkeit der Studie, externe Gütekriterien als Übertragbarkeit und Verallgemeinerung der Ergebnisse sowie Intercoder-Übereinstimmung zu berücksichtigen. Bei der internen Studiengüte ist zum einen darzustellen, wie die Daten erfasst wurden. Zum anderen ist hinsichtlich der Durchführung die Begründung und Beschreibung des Vorgehens (Abschnitt 8.3; Abschnitt 11.2) von Bedeutung (Kuckartz, 2016). Ein zentrales Gütekriterium stellt die Intercoder-Übereinstimmung dar, die beispielsweise über Cohens Kappa ermittelt werden kann (Abschnitt 11.2.3; Kuckartz, 2016). Bei ausreichender Übereinstimmung kann davon ausgegangen werden, dass die Anwendung des Kategoriensystems auf das Material unabhängig von der durchführenden Person ist, so dass dies als Maß für die Objektivität betrachtet werden kann (Mayring, 2022).

8.2 Konfirmatorische Faktorenanalyse

Die erste Forschungsfrage widmet sich der Frage, ob die Umformungsfertigkeit vom jeweiligen Anwendungsbereich abhängig ist. Hierzu wurden drei Hypothesen formuliert (Kapitel 5), die unterschiedliche Annahmen hinsichtlich der Anzahl an Konstrukten bzw. Variablen der Umformungsfertigkeit treffen. Es stellt sich also die Frage, welche der Hypothesen H1-H3 die Umformungsfertigkeiten am besten beschreibt. Zur Untersuchung der Frage eignet sich die konfirmatorische Faktorenanalyse (Werner et al., 2016), weshalb dieser Ansatz verfolgt wird. Zunächst werden der Ansatz der latenten Variablen sowie unterschiedliche Modelle im Allgemeinen beschrieben. Im Anschluss werden dann entsprechende Modelle festgelegt und auf deren Prüfung eingegangen.

8.2.1 Ansatz der latenten Variablen

Eine Herausforderung hinsichtlich der Messung der Umformungsfertigkeit ist, dass sie nicht direkt beobachtbar und somit auch nicht unmittelbar messbar ist. Dem wird mit der Unterscheidung zwischen manifesten und latenten Variablen begegnet. Bei manifesten Variablen handelt es sich um Variablen, die auf direkten Beobachtungen beruhen. Das sind beispielsweise Antworten auf Fragen (Bühner, 2021). Demgegenüber stehen latente Variablen, die ein nicht direkt beobachtbares Konstrukt beschreiben (Bühner, 2021). Dabei kann zwischen reflektiven und formativen latenten Variablen unterschieden werden, die im jeweils zugehörigen Modell unterschiedliche Beziehungen zu manifesten Variablen beschreiben, auf die im Folgenden eingegangen wird (Bühner, 2021).

8.2.1.1 Modell reflektiver und formativer latenter Variablen

Das Modell reflektiver latenter Variablen folgt der Annahme, dass die latente Variable für die Ausprägungen der manifesten Variable verantwortlich ist und diese somit kausal beeinflusst. Dabei gehen unterschiedliche Ausprägungen der latenten Variablen mit unterschiedlichen Ausprägungen der manifesten Variablen einher. Dies hat zudem zur Folge, dass manifeste Variablen, die durch dieselbe latente Variable beeinflusst werden, zusammenhängen bzw. untereinander korrelieren (Zinnbauer & Eberl, 2004; Bühner, 2021).

Das vermutlich simpelste Modell reflektiver latenter Variablen stellt $X_i = \theta$ dar, bei dem die manifeste Variable X_i die latente Variable θ fehlerfrei erklärt (Bühner, 2021). Um einzubeziehen, dass Ausprägungen der manifesten Variablen fehlerbehaftet sein können, wird häufig eine Zufallsvariable ε_i in das Modell einbezogen, die häufig auch als Fehler bezeichnet wird: $X_i = \theta + \varepsilon_i$ (Bühner, 2021). Hierbei handelt es sich lediglich um zwei exemplarische grundlegende Modelle.

Während im reflektiven Modell latenter Variablen die Ausprägungen der manifesten Variablen durch die latente Variable erklärt wird, verhält es sich im Modell formativer Variablen umgekehrt. Hier wird die latente Variable θ durch die Ausprägungen der manifesten Variablen X_i beschrieben, wie es zum Beispiel in diesem Modell der Fall ist: $\theta = X_1 + X_2 + X_3 + X_4$. Hier wird die latente Variable θ durch die vier manifesten Variablen X_1, X_2, X_3, X_4 beschrieben. Eine Veränderung einer manifesten Variablen führt zu einer Änderung in der Ausprägung der latenten Variablen. Anders als im reflektiven Modell latenter Variablen ist es nicht notwendig, dass die manifesten Variablen untereinander korrelieren (Bühner, 2021).

8.2.1.2 Modellwahl

Ein bedeutender Unterschied zwischen reflektiven und formativen Modellen (latenter Variablen) besteht in den zugrunde gelegten Kausalitäten. In letzterem Modell definieren die manifesten Variablen die latente Variable und in ersterem Modell werden die manifesten Variablen durch die latente Variable definiert (Bühner, 2021). Im Rahmen von Forschungsfrage 1 dieser Arbeit wird diskutiert werden, ob die Fertigkeit Gleichungen umzuformen durch eine bzw. mehrere latente Variablen erklärt werden kann. Die hierzu genutzten manifesten Variablen (Aufgaben zum Umformen von Gleichungen) sollen dabei bestmöglich die jeweiligen Anwendungsbereiche repräsentieren und im Prinzip austauschbar sein können (Abschnitt 7.1; Backhaus et al., 2015). Dies entspricht der Idee des reflektiven Modells latenter Variablen.

Das Nutzen eines formativen Modells latenter Variablen erscheint zur Beantwortung der Forschungsfrage 1 hingegen ungeeignet, da hierbei die latente Variable durch die genutzten manifesten Variablen (Aufgaben zum Umformen von Gleichungen) definiert würde. Hierdurch würde sich zwangsläufig eine Abhängigkeit der latenten Variablen von den manifesten Variablen ergeben. Zudem ist anzumerken, dass die Sinnhaftigkeit formativer Modelle latenter Variablen umstritten ist. Ziel dieser Modelle ist die „Minimierung des Vorhersagefehlers von eindeutigen Kriterien" (Bühner, 2021, S. 22). Es bedarf zum einen eindeutiger Kriterien, aus denen sich die latente Variable ableiten lässt. Zum anderen sind diese Modelle ohne Hinzuziehen der Items nur schwerlich interpretierbar (Bühner, 2021). Da hier jedoch die Frage im Vordergrund steht, inwieweit sich die Fertigkeit, Gleichungen über unterschiedliche Anwendungsbereiche umzuformen, durch eine (oder mehrere) latente Variablen beschreiben lässt, im Vordergrund steht, fällt die Wahl auf das Modell reflektiver latenter Variablen. Daher werden im Folgenden lediglich Modelle dieses Typs diskutiert.

8.2.2 Planung der Auswertung mittels konfirmatorischer Faktorenanalyse

In Kapitel 5 wurden unterschiedliche Hypothesen zum Konstrukt der Umformungsfertigkeit aufgestellt, nämlich, dass

– diese über alle Anwendungsbereiche hinweg über eine gemeinsame latente Variable beschrieben werden kann (H1),
– für jeden Anwendungsbereich eine eigene latente Variable benötigt wird (H2),
– das Umstellen von Formeln und (abstrakten) Gleichungen ein gemeinsames Konstrukt bilden (H3).

Diese Hypothesen sind zu testen und zu falsifizieren bzw. verifizieren. Die konfirmatorische Faktorenanalyse stellt ein geeignetes Verfahren dar, da hiermit reflektive Modelle latenter Variablen und damit die hypothetischen Konstrukte (die den latenten Variablen entsprechen) geprüft werden können (Backhaus et al., 2015; Bühner, 2021; Gäde et al., 2020).

8.2.2.1 Das Tau-kongenerisches Modell als Grundlage

Die konfirmatorische Faktorenanalyse baut auf Ideen der klassischen Testtheorie auf (Bühner, 2021). Zunächst wird davon ausgegangen, dass sich die manifeste Variable X_i aus einem wahren Wert τ_i sowie einem Fehler ε_i zusammensetzt (Bühner, 2021):

$$X_i = \tau_i + \varepsilon_i$$

Der wahre Wert τ_i wiederum kann durch die Ausprägung der latenten Variablen θ sowie den Itemparameter/-mittelwert μ_i und einen itemspezifischen Steigungsparameter β_i beschrieben werden (Bühner, 2021):

$$\tau_i = \mu_i + \beta_i \cdot \theta$$

Durch Einsetzen des wahren Wertes τ_i in die Gleichung zur Zusammensetzung der manifesten Variablen ergibt sich Folgendes:

$$X_i = \mu_i + \beta_i \cdot \theta + \varepsilon_i$$

Bei diesem Modell handelt es sich um das tau-kongenerische Modell der klassischen Testtheorie, das sich im Allgemeinen am besten dazu eignet, Itemantworten zu beschreiben (Bühner, 2021). Es bietet den Vorteil, dass Spezifika von Items einzeln berücksichtigt werden können. Der Steigungsparameter β_i, der in jedem Item einen anderen Wert annehmen kann, trägt dazu bei, dass sich Änderungen der latenten Variablen unterschiedlich stark auf die Antwort auswirken können (Bühner, 2021). Außerdem können mittels der additiven Konstanten die spezifische Schwierigkeit des jeweiligen Items i als beobachteter Mittelwert μ_i berücksichtigt werden.

8.2.2.2 Festlegung der Messmodelle

Um die Hypothesen testen zu können, sind diese in entsprechende Modelle zu überführen. Hierzu werden zunächst für die jeweiligen Hypothesen Messmodelle festgelegt. Dabei geht es um die Beschreibung der Beziehungen zwischen manifesten und latenten Variablen (Bühner, 2021). Diese können grafisch dargestellt werden. Dabei stehen latente Variablen für Kreise und manifeste Variablen für Rechtecke. Kausalitäten werden durch Pfeile ausgedrückt. In reflektiven Modellen gehen die Pfeile von latenten Variablen aus und sind auf die manifesten Variablen gerichtet. Das meint, dass die latente Variable für die Ausprägung der manifesten Variablen verantwortlich ist. Die Variablen und Parameter des Modells, die sich auch in der grafischen Darstellung wiederfinden, werden zusätzlich durch Gleichungen näher beschrieben.

Zur Schätzung der Parameter ist es notwendig, die Anzahl der Indikatoren zu berücksichtigen (Bühner, 2021). Es werden mitunter aus inhaltlichen Überlegungen der Itemkonstruktion sechs manifeste Variablen je Anwendungsbereich eingeplant: *Lsn*1 bis *Lsn*6 sind Items zum Lösen von Gleichungen; *Nrm*1 bis *Nrm*6 sind Items zum Normieren von Gleichungen; *Um*1 bis Um 6 sind Items zum Umstellen von Gleichungen mit Einbettung in einen (Sach-)Kontext; *Uma*1 bis *Uma*6 sind Items zum Umstellen ohne Einbettung in einen (Sach-)Kontext. Die Items werden dichotom codiert. Dadurch, dass die Hypothesen von unterschiedlichen Anzahlen an latenten Variablen ausgehen, die im Rahmen einer Testung getestet werden sollen, kann die Anzahl der manifesten Variablen variieren, die durch latente Variablen erklärt werden sollen.

Zusätzlich wird zu jeder Hypothese ein alternatives Modell aufgestellt, in dem jeweils drei Indikatoren eines Anwendungsbereiches zusammengefasst werden. Die manifesten Variablen der alternativen Modelle erfassen wie oft das Erfüllungsmerkmal der dichotomen Codierung auftritt. Dies hat zur Folge, dass ein metrisches Skalenniveau vorliegt, was für die Schätzung der Parameter des Modells von Bedeutung ist. Dieses Vorgehen wird zur Absicherung der Ergebnisse genutzt, da entsprechende Kriterien zur Prüfung von Modellen im Allgemeinen nicht für Modelle mit dichotomen Antworten beschrieben werden (Abschnitt 8.2.2.7).

Messmodell M1 zu Hypothese H1 – mit dichotomen Daten. Diese Hypothese geht davon aus, dass sich die Umformungsfertigkeit durch ein einzelnes Konstrukt beschreiben lässt. Bezogen auf den Ansatz manifester und latenter Variablen bedeutet dies, dass durch eine latente Variable die Ausprägungen aller manifesten Variablen der verschiedenen Anwendungsbereiche erklärbar ist. Im Modell zu Hypothese H1 wird daher angenommen, dass durch eine latente Variable θ_{ges} die Ausprägungen auf 24 Items (sechs je Anwendungsbereich) erklärt werden:

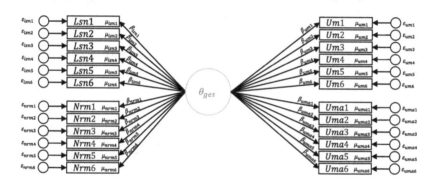

$$Lsn_1 = \mu_{lsn1} + \beta_{lsn1} \cdot \theta_{ges} + \varepsilon_{lsn1}$$
$$Lsn_2 = \mu_{lsn2} + \beta_{lsn2} \cdot \theta_{ges} + \varepsilon_{lsn2}$$
$$Lsn_3 = \mu_{lsn3} + \beta_{lsn3} \cdot \theta_{ges} + \varepsilon_{lsn3}$$
$$Lsn_4 = \mu_{lsn4} + \beta_{lsn4} \cdot \theta_{ges} + \varepsilon_{lsn4}$$
$$Lsn_5 = \mu_{lsn5} + \beta_{lsn5} \cdot \theta_{ges} + \varepsilon_{lsn5}$$
$$Lsn_6 = \mu_{lsn6} + \beta_{lsn6} \cdot \theta_{ges} + \varepsilon_{lsn6}$$
$$Nrm_1 = \mu_{nrm1} + \beta_{nrm1} \cdot \theta_{ges} + \varepsilon_{nrm1}$$
$$Nrm_2 = \mu_{nrm2} + \beta_{nrm2} \cdot \theta_{ges} + \varepsilon_{nrm2}$$
$$Nrm_3 = \mu_{nrm3} + \beta_{nrm3} \cdot \theta_{ges} + \varepsilon_{nrm3}$$
$$Nrm_4 = \mu_{nrm4} + \beta_{nrm4} \cdot \theta_{ges} + \varepsilon_{nrm4}$$
$$Nrm_5 = \mu_{nrm5} + \beta_{nrm5} \cdot \theta_{ges} + \varepsilon_{nrm5}$$
$$Nrm_6 = \mu_{nrm6} + \beta_{nrm6} \cdot \theta_{ges} + \varepsilon_{nrm6}$$

$$Um_1 = \mu_{um1} + \beta_{um1} \cdot \theta_{ges} + \varepsilon_{um1}$$
$$Um_2 = \mu_{um2} + \beta_{um2} \cdot \theta_{ges} + \varepsilon_{um2}$$
$$Um_3 = \mu_{um3} + \beta_{um3} \cdot \theta_{ges} + \varepsilon_{um3}$$
$$Um_4 = \mu_{um4} + \beta_{um4} \cdot \theta_{ges} + \varepsilon_{um4}$$
$$Um_5 = \mu_{um5} + \beta_{um5} \cdot \theta_{ges} + \varepsilon_{um5}$$
$$Um_6 = \mu_{um6} + \beta_{um6} \cdot \theta_{ges} + \varepsilon_{um6}$$
$$Uma_1 = \mu_{uma1} + \beta_{uma1} \cdot \theta_{ges} + \varepsilon_{uma1}$$
$$Uma_2 = \mu_{uma2} + \beta_{uma2} \cdot \theta_{ges} + \varepsilon_{uma2}$$
$$Uma_3 = \mu_{uma3} + \beta_{uma3} \cdot \theta_{ges} + \varepsilon_{uma3}$$
$$Uma_4 = \mu_{uma4} + \beta_{uma4} \cdot \theta_{ges} + \varepsilon_{uma4}$$
$$Uma_5 = \mu_{uma5} + \beta_{uma5} \cdot \theta_{ges} + \varepsilon_{uma5}$$
$$Uma_6 = \mu_{uma6} + \beta_{uma6} \cdot \theta_{ges} + \varepsilon_{uma6}$$

Messmodell M1* zu Hypothese H1 – Variante mit metrischen Daten. Dieses Modell stellt die Alternative zum vorangehenden Modell dar, wobei hier angenommen wird, dass durch die latente Variable die Ausprägung auf die vier manifesten Variablen erklärt werden kann:

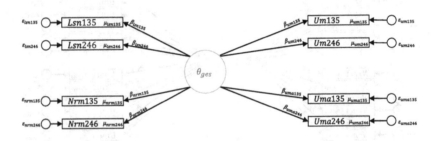

$$Lsn_{135} = \mu_{lsn135} + \beta_{lsn135} \cdot \theta_{ges} + \varepsilon_{lsn135}$$
$$Lsn_{246} = \mu_{lsn246} + \beta_{lsn246} \cdot \theta_{ges} + \varepsilon_{lsn246}$$
$$Nrm_{135} = \mu_{nrm135} + \beta_{nrm135} \cdot \theta_{ges} + \varepsilon_{nrm135}$$
$$Nrm_{246} = \mu_{nrm246} + \beta_{nrm246} \cdot \theta_{ges} + \varepsilon_{nrm246}$$

$$Um_{135} = \mu_{um135} + \beta_{um135} \cdot \theta_{ges} + \varepsilon_{um135}$$
$$Um_{246} = \mu_{um246} + \beta_{um246} \cdot \theta_{ges} + \varepsilon_{um246}$$
$$Uma_{135} = \mu_{uma135} + \beta_{uma135} \cdot \theta_{ges} + \varepsilon_{uma135}$$
$$Uma_{246} = \mu_{uma246} + \beta_{uma246} \cdot \theta_{ges} + \varepsilon_{uma246}$$

Messmodell M2 zu Hypothese H2. Da im Rahmen dieser Hypothese davon ausgegangen wird, dass die Umformungsfertigkeit im jeweiligen Anwendungsbereich ein eigenes Konstrukt darstellt, werden im nachfolgenden Modell vier latente Variablen genutzt. Eine latente Variable θ_{lsn} zum Erklären der Ausprägungen zum Lösen von Gleichungen, eine θ_{nrm} zum Erklären der Antworten zum Normieren von Gleichungen, eine weitere θ_{um} als Ursache für die Ausprägung zum Umstellen von Gleichungen in Anwendungsbereichen sowie θ_{uma} zur Erklärung zum Umstellen von Gleichungen ohne Einbettung in einen (Sach-)Kontext. In diesem Modell erklären die latenten Variablen jeweils die Ausprägungen von sechs manifesten Variablen:

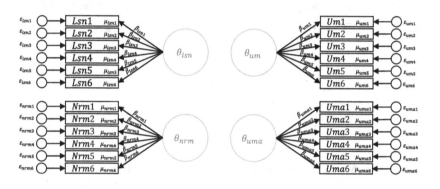

$$Lsn_1 = \mu_{lsn1} + \beta_{lsn1} \cdot \theta_{lsn} + \varepsilon_{lsn1} \qquad Um_1 = \mu_{um1} + \beta_{um1} \cdot \theta_{um} + \varepsilon_{um1}$$
$$Lsn_2 = \mu_{lsn2} + \beta_{lsn2} \cdot \theta_{lsn} + \varepsilon_{lsn2} \qquad Um_2 = \mu_{um2} + \beta_{um2} \cdot \theta_{um} + \varepsilon_{um2}$$
$$Lsn_3 = \mu_{lsn3} + \beta_{lsn3} \cdot \theta_{lsn} + \varepsilon_{lsn3} \qquad Um_3 = \mu_{um3} + \beta_{um3} \cdot \theta_{um} + \varepsilon_{um3}$$
$$Lsn_4 = \mu_{lsn4} + \beta_{lsn4} \cdot \theta_{lsn} + \varepsilon_{lsn4} \qquad Um_4 = \mu_{um4} + \beta_{um4} \cdot \theta_{um} + \varepsilon_{um4}$$
$$Lsn_5 = \mu_{lsn5} + \beta_{lsn5} \cdot \theta_{lsn} + \varepsilon_{lsn5} \qquad Um_5 = \mu_{um5} + \beta_{um5} \cdot \theta_{um} + \varepsilon_{um5}$$
$$Lsn_6 = \mu_{lsn6} + \beta_{lsn6} \cdot \theta_{lsn} + \varepsilon_{lsn6} \qquad Um_6 = \mu_{um6} + \beta_{um6} \cdot \theta_{uma} + \varepsilon_{um6}$$
$$Nrm_1 = \mu_{nrm1} + \beta_{nrm1} \cdot \theta_{nrm} + \varepsilon_{nrm1} \qquad Uma_1 = \mu_{uma1} + \beta_{uma1} \cdot \theta_{uma} + \varepsilon_{uma1}$$
$$Nrm_2 = \mu_{nrm2} + \beta_{nrm2} \cdot \theta_{nrm} + \varepsilon_{nrm2} \qquad Uma_2 = \mu_{uma2} + \beta_{uma2} \cdot \theta_{uma} + \varepsilon_{uma2}$$
$$Nrm_3 = \mu_{nrm3} + \beta_{nrm3} \cdot \theta_{nrm} + \varepsilon_{nrm3} \qquad Uma_3 = \mu_{uma3} + \beta_{uma3} \cdot \theta_{uma} + \varepsilon_{uma3}$$
$$Nrm_4 = \mu_{nrm4} + \beta_{nrm4} \cdot \theta_{nrm} + \varepsilon_{nrm4} \qquad Uma_4 = \mu_{uma4} + \beta_{uma4} \cdot \theta_{uma} + \varepsilon_{uma4}$$
$$Nrm_5 = \mu_{nrm5} + \beta_{nrm5} \cdot \theta_{nrm} + \varepsilon_{nrm5} \qquad Uma_5 = \mu_{uma5} + \beta_{uma5} \cdot \theta_{uma} + \varepsilon_{uma5}$$
$$Nrm_6 = \mu_{nrm6} + \beta_{nrm6} \cdot \theta_{nrm} + \varepsilon_{nrm6} \qquad Uma_6 = \mu_{uma6} + \beta_{uma6} \cdot \theta_{uma} + \varepsilon_{uma6}$$

Messmodell M2* zu Hypothese H2 – Variante mit metrischen Daten. Im Messmodell, das die Alternative zu M2 darstellt, werden vier latente Variablen herangezogen, um die Ausprägung auf jeweils zwei manifeste Variablen zu beschreiben:

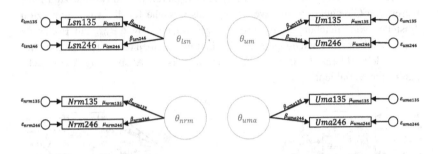

$$Lsn_{135} = \mu_{lsn135} + \beta_{lsn135} \cdot \theta_{lsn} + \varepsilon_{lsn135} \qquad Um_{135} = \mu_{um135} + \beta_{um135} \cdot \theta_{um} + \varepsilon_{um135}$$
$$Lsn_{246} = \mu_{lsn246} + \beta_{lsn246} \cdot \theta_{lsn} + \varepsilon_{lsn246} \qquad Um_{246} = \mu_{um246} + \beta_{um246} \cdot \theta_{um} + \varepsilon_{um246}$$
$$Nrm_{135} = \mu_{nrm135} + \beta_{nrm135} \cdot \theta_{nrm} + \varepsilon_{nrm135} \qquad Uma_{135} = \mu_{uma135} + \beta_{uma135} \cdot \theta_{uma} + \varepsilon_{uma135}$$
$$Nrm_{246} = \mu_{nrm246} + \beta_{nrm246} \cdot \theta_{nrm} + \varepsilon_{nrm246} \qquad Uma_{246} = \mu_{uma246} + \beta_{uma246} \cdot \theta_{uma} + \varepsilon_{uma246}$$

Messmodell M3 zu Hypothese H3. Beim Messmodell zu Hypothese H3 handelt es sich um eine Variation des Messmodells von Hypothese H2. In diesem Modell werden die beiden latenten Variablen θ_{um} und θ_{uma} zu einer gemeinsamen latenten Variablen θ_{umges} zusammengefasst, die die Ausprägungen auf die zwölf Items zum Umstellen von Gleichungen erklären soll. Die beiden latenten Variablen θ_{lsn} und θ_{nrm} bleiben identisch:

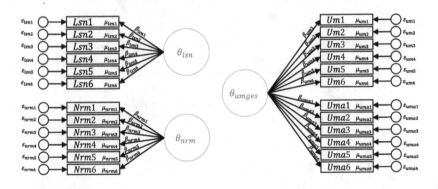

$$Lsn_1 = \mu_{lsn1} + \beta_{lsn1} \cdot \theta_{lsn} + \varepsilon_{lsn1}$$
$$Lsn_2 = \mu_{lsn2} + \beta_{lsn2} \cdot \theta_{lsn} + \varepsilon_{lsn2}$$
$$Lsn_3 = \mu_{lsn3} + \beta_{lsn3} \cdot \theta_{lsn} + \varepsilon_{lsn3}$$
$$Lsn_4 = \mu_{lsn4} + \beta_{lsn4} \cdot \theta_{lsn} + \varepsilon_{lsn4}$$
$$Lsn_5 = \mu_{lsn5} + \beta_{lsn5} \cdot \theta_{lsn} + \varepsilon_{lsn5}$$
$$Lsn_6 = \mu_{lsn6} + \beta_{lsn6} \cdot \theta_{lsn} + \varepsilon_{lsn6}$$
$$Nrm_1 = \mu_{nrm1} + \beta_{nrm1} \cdot \theta_{nrm} + \varepsilon_{nrm1}$$
$$Nrm_2 = \mu_{nrm2} + \beta_{nrm2} \cdot \theta_{nrm} + \varepsilon_{nrm2}$$
$$Nrm_3 = \mu_{nrm3} + \beta_{nrm3} \cdot \theta_{nrm} + \varepsilon_{nrm3}$$
$$Nrm_4 = \mu_{nrm4} + \beta_{nrm4} \cdot \theta_{nrm} + \varepsilon_{nrm4}$$
$$Nrm_5 = \mu_{nrm5} + \beta_{nrm5} \cdot \theta_{nrm} + \varepsilon_{nrm5}$$
$$Nrm_6 = \mu_{nrm6} + \beta_{nrm6} \cdot \theta_{nrm} + \varepsilon_{nrm6}$$

$$Um_1 = \mu_{um1} + \beta_{um1} \cdot \theta_{umges} + \varepsilon_{um1}$$
$$Um_2 = \mu_{um2} + \beta_{um2} \cdot \theta_{umges} + \varepsilon_{um2}$$
$$Um_3 = \mu_{um3} + \beta_{um3} \cdot \theta_{umges} + \varepsilon_{um3}$$
$$Um_4 = \mu_{um4} + \beta_{um4} \cdot \theta_{umges} + \varepsilon_{um4}$$
$$Um_5 = \mu_{um5} + \beta_{um5} \cdot \theta_{umges} + \varepsilon_{um5}$$
$$Um_6 = \mu_{um6} + \beta_{um6} \cdot \theta_{umges} + \varepsilon_{um6}$$
$$Uma_1 = \mu_{uma1} + \beta_{uma1} \cdot \theta_{umges} + \varepsilon_{uma1}$$
$$Uma_2 = \mu_{uma2} + \beta_{uma2} \cdot \theta_{umges} + \varepsilon_{uma2}$$
$$Uma_3 = \mu_{uma3} + \beta_{uma3} \cdot \theta_{umges} + \varepsilon_{uma3}$$
$$Uma_4 = \mu_{uma4} + \beta_{uma4} \cdot \theta_{umges} + \varepsilon_{uma4}$$
$$Uma_5 = \mu_{uma5} + \beta_{uma5} \cdot \theta_{umges} + \varepsilon_{uma5}$$
$$Uma_6 = \mu_{uma6} + \beta_{uma6} \cdot \theta_{umges} + \varepsilon_{uma6}$$

Messmodell M3* zu Hypothese H3 – Variante mit metrischen Daten. In dieser Alternative zu Messmodell M3 werden den latenten Variablen θ_{lsn} und θ_{nrm} jeweils zwei und θ_{umges} vier manifeste Variablen zugeordnet, um die entsprechende Hypothese H3 zu testen.

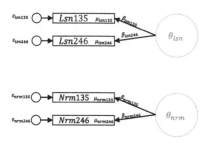
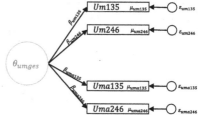

$$Lsn_{135} = \mu_{lsn135} + \beta_{lsn135} \cdot \theta_{lsn} + \varepsilon_{lsn135}$$
$$Lsn_{246} = \mu_{lsn246} + \beta_{lsn246} \cdot \theta_{lsn} + \varepsilon_{lsn246}$$
$$Nrm_{135} = \mu_{nrm135} + \beta_{nrm135} \cdot \theta_{nrm} + \varepsilon_{nrm135}$$
$$Nrm_{246} = \mu_{nrm246} + \beta_{nrm246} \cdot \theta_{nrm} + \varepsilon_{nrm246}$$

$$Um_{135} = \mu_{um135} + \beta_{um135} \cdot \theta_{umges} + \varepsilon_{um135}$$
$$Um_{246} = \mu_{um246} + \beta_{um246} \cdot \theta_{umges} + \varepsilon_{um246}$$
$$Uma_{135} = \mu_{uma135} + \beta_{uma135} \cdot \theta_{umges} + \varepsilon_{uma135}$$
$$Uma_{246} = \mu_{uma246} + \beta_{uma246} \cdot \theta_{umges} + \varepsilon_{uma246}$$

8.2.2.3 Strukturmodelle

Während Messmodelle die Beziehungen zwischen manifesten und latenten Variablen beschreiben, werden Strukturmodelle für die Beziehungen zwischen verschiedenen latenten Variablen herangezogen (Bühner, 2021). Es besteht keine Annahme dazu, dass eine latente Variable als Prädiktor einer anderen latenten Variable dient. Daher wird von ungerichteten Beziehungen zwischen den latenten Variablen ausgegangen, die in der grafischen Darstellung als Doppelpfeile zwischen den latenten Variablen dargestellt werden. Die Strukturmodelle bestehen darum aus den jeweiligen Kovarianzen. Auf die Angabe der Strukturgleichungen, die sich mittels der Definitionsgleichungen des vorangegangenen Abschnitts erzeugen lassen, wird wegen des Umfangs der jeweiligen Modelle verzichtet. Da die Beziehungen zwischen den latenten Variablen in den alternativen Modellen M1*, M2*, M3* auch ihrem jeweiligen Partner M1, M2, M3 entsprechen, werden diese nicht gesondert aufgeführt. Es sei jedoch darauf verwiesen, dass sich die Ausprägungen in den Variablen der Strukturmodelle unterscheiden dürften.

Strukturmodell zu Hypothese H1. Da in dieser Hypothese von einer einzelnen latenten Variablen ausgegangen wird, ist hier keine (nicht-triviale) Beziehung zu einer (anderen) latenten Variable zu beschreiben, weshalb hier kein Strukturmodell angeführt wird.

Strukturmodell zu Hypothese H2. In dem dieser Hypothese zugehörigen Modell liegen vier latente Variablen vor, die jeweils miteinander in Beziehungen stehen können. Daher beinhaltet das Strukturmodell sechs Kovarianzen.

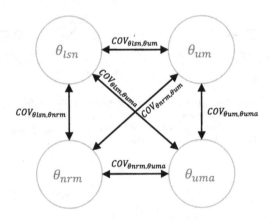

$COV_{\theta lsn,\theta um}$ $COV_{\theta lsn,\theta nrm}$ $COV_{\theta lsn,\theta uma}$
$COV_{\theta um,\theta uma}$ $COV_{\theta nrm,\theta uma}$ $COV_{\theta nrm,\theta um}$

Strukturmodell zu Hypothese H3. Durch das Zusammenlegen der beiden latenten Variablen θ_{um} und θ_{uma} reduziert sich in diesem Strukturmodell die Anzahl der Kovarianzen um drei gegenüber dem Strukturmodell zu Hypothese H2.

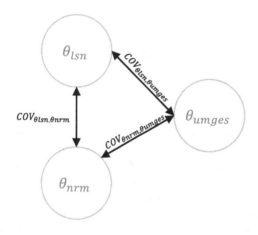

$COV_{\theta lsn,\theta nrm}$ $COV_{\theta lsn,\theta umges}$ $COV_{\theta nrm,\theta umges}$

8.2.2.4 Identifizierbarkeit von Modellen

Die verschiedenen Modelle beinhalten zum einen beobachtete Werte, zum anderen auch Werte, die auf Basis der Beobachtungen geschätzt werden müssen, da sie nicht direkt beobachtbar sind. Daher ist zu prüfen, ob die Anzahl der Indikatoren ausreichend ist, um alle Schätzungen vornehmen zu können und so die Modelle zu identifizieren. Für die Modelle, die aus 24 Indikatoren bestehen, gilt es, bis zu 54 Parameter zu ermitteln, die sich aus den folgenden Größen zusammensetzen:

– 24 Steigungsparameter β_i
– 24 Fehlervarianzen ($VAR_{\varepsilon i}$)

- keine bzw. drei bzw. sechs Kovarianzen zwischen den latenten Variablen $(COV_{\theta1,\theta2})$

Da für alle Modelle die gleichen Items genutzt werden, bleibt die Anzahl der Steigungsparameter, Itemmittelwerte sowie deren Fehlervarianzen in jedem Modell gleich. Die Modelle unterscheiden sich in den Parametern, die von den latenten Variablen abhängen (Varianzen, Kovarianzen und Mittelwerte). Anhand der Anzahl an Items k lässt sich die Anzahl der bekannten Größen p bestimmen:

$$p = \frac{k \cdot (k + 1)}{2}$$

$$p = \frac{24 \cdot (24 + 1)}{2}$$

$$p = 300$$

Aus der Differenz der Anzahl der bekannten Größen $p = 300$ und der Anzahl der unbekannten Größen (höchstens 54), lassen sich die Freiheitsgrade df von mindestens 246 bestimmen. Eine positive Anzahl an Freiheitsgraden ist zur Identifikation des Modells notwendig und hier erfüllt. Diese Bedingung zur Überidentifizierung ($df >$ Anzahl unbekannter Größen) ist erfüllt und notwendig die für die Durchführung einer konfirmatorischen Faktorenanalyse (Bühner, 2021).

Für die alternativen Modelle gilt es bis zu 37 Parameter zu ermitteln:

- acht Steigungsparameter β_i
- acht Fehlervarianzen ($VAR_{\varepsilon i}$)
- keine bzw. drei bzw. sechs Kovarianzen zwischen den latenten Variablen $(COV_{\theta1,\theta2})$

Mit der zuvor beschriebenen Formel zu Ermittlung der Anzahl bekannter Größen lässt sich auch die Anzahl bekannter Größen in den alternativen Modellen p_{alt} bestimmen:

$$p_{alt} = \frac{k_{alt} \cdot (k_{alt} + 1)}{2}$$

$$p_{alt} = \frac{8 \cdot (8 + 1)}{2}$$

$$p_{alt} = 36$$

Daraus ergibt sich ein Freiheitsgrad df von mindestens 14 für die alternativen Modelle (da höchstens 22 Parameter geschätzt werden müssen). Folglich ist die Identifizierbarkeit auch bei den alternativen Modellen gegeben.

8.2.2.5 Parameterschätzung mittels Diskrepanzfunktion

Nachdem das Modell festgelegt und die notwendige Bedingung zur Identifizierung geprüft wurde, ist das Ziel im nächsten Schritt, die Parameter zu ermitteln. Hierzu werden in einem iterativen Verfahren systematisch Werte für die Parameter eingesetzt und die so entstehende implizierte Varianz-/Kovarianzmatrix mit der sich aus der Datenerhebung ergebenden Varianz-/Kovarianzmatrix der Stichprobe abgeglichen. Dabei wird versucht die Stichprobenvarianzmatrix/-kovarianzmatrix bestmöglich durch geeignete Parameter nachzubilden (Backhaus et al., 2015; Bühner, 2021).

Hierzu stehen unterschiedliche Verfahren zur Verfügung. Das vermutlich gebräuchlichste stellt die Maximum-Likelihood-Diskrepanzfunktion (ML) dar, die für kontinuierliche Itemantworten genutzt werden kann. Als Alternative für diskrete Variablen kann die Weighted-Least-Squares-Mean-and-Variance-adjusted-Diskrepanzfunktion (WLSMV) herangezogen werden (Bühner, 2021).

Vereinfacht kann die WLSMV-Diskrepanzfunktion wie folgt dargestellt werden (Bühner, 2021):

$$F_{WLSMV} = 0,5 \cdot tr\left(\left[S - \hat{\Sigma}\right] \cdot W\right)^2$$

In dieser Funktion wird die Differenz zwischen der Stichprobenvarianzmatrix/-kovarianzmatrix S und der implizierten Varianz-/Kovarianzmatrix $\hat{\Sigma}$ gebildet. Diese wird vor dem Quadrieren mit einer Gewichtungsmatrix W multipliziert. Dabei steht tr für die „Summe der Varianzen in der Diagonalen einer Varianz-/Kovarianzmatrix" bzw. „Spur einer Matrix" (Bühner, 2021, S. 496).

Die ML-Funktion kommt zwar ohne Gewichtungsmatrix aus, zieht aber zudem die Inverse der implizierten Matrix $\hat{\Sigma}^{-1}$ sowie die Anzahl der beobachteten Variablen k und die Determinanten der zugehörigen Matrizen $\left|\hat{\Sigma}\right|$ bzw. $|S|$ (Bühner, 2021, S. 496) hinzu:

$$F_{ML} = tr\left(S \cdot \hat{\Sigma}^{-1}\right) + \ln\left|\hat{\Sigma}\right| - \ln|S| - k$$

Dabei ist anzumerken, dass die Maximum-Likelihood-Diskrepanzfunktion –
im Gegensatz zur WLSMV-Funktion – die multivariate Normalverteilung der
Indikatoren voraussetzt (Bühner, 2021).

Anhand der Gleichungen zeigt sich, dass es sich um unterschiedliche Diskre-
panzfunktionen handelt (Bühner, 2021). Dabei sind diese je nach Beschaffenheit
der Daten (kontinuierliche bzw. diskrete Variablen) zu wählen.

8.2.2.6 Prüfung der Daten auf Normalverteilung

Für die Maximum-Likelihood-Diskrepanzfunktion wird eine Normalverteilung
vorausgesetzt. Dies wird dadurch untersucht, dass zum einen die Symmetrie
der Verteilung mittels der Schiefe („skew") und der Wölbung der Verteilung
bzw. Kurtosis geprüft wird. Die Schiefe kann mittels folgender Formel berechnet
werden:

$$skew = \frac{1}{n} \cdot \sum_{v=1}^{n} \left(\frac{x_v - \overline{x}}{s_x} \right)^3$$

Für die Berechnung wird die Größe der Stichprobe n, Standardabweichung s_x,
Mittelwert $\overline{x}$ eines Items x sowie der Messwert x_v der jeweiligen Person v zum
Indikator x herangezogen (Bühner & Ziegler, 2017). Für $skew = 0$ kann die
Verteilung als symmetrisch interpretiert werden, wobei ein negativer Wert auf
eine rechtssteile und linksschiefe Verteilung hinweist. Ein positiver Wert hingegen beschreibt eine rechtsschiefe und linkssteile Verteilung (Bühner & Ziegler,
2017). Werte, die betragsmäßig größer sind als zwei, können problematisch für
die Beurteilung des Modells sein (Curran et al., 1996).

Zur Bestimmung eines Maßes der Wölbung bzw. Kurtosis können die Parameter, die zur Ermittlung der Schiefe nötig waren, herangezogen werden. Lediglich
die Potenz wird von drei auf vier erhöht (Bühner & Ziegler, 2017):

$$Kurtosis = \frac{1}{n} \cdot \sum_{v=1}^{n} \left(\frac{x_v - \overline{x}}{s_x} \right)^4$$

Zum Zweck der Interpretation wird der Exzess als $Kurtosis - 3$ ermittelt. Auch
hier entspricht der Wert 0 dem einer Normalverteilung, während ein Wert größer 0 eine breitgipflige und ein Wert kleiner 0 eine schmalgipflige Verteilung
beschreibt (Bühner & Ziegler, 2017). Für die Beurteilung der Voraussetzung ML-
Funktion wird ein Wert der Kurtosis kleiner dem Betrag 7 empfohlen (Curran
et al., 1996). Die Beurteilung der Schiefe und der Kurtosis ist zwar notwendig,

aber nicht hinreichend (Bühner, 2021). Hierzu ist ein Hypothesentest durchzu-führen, wofür die normalisierte multivariate Kurtosis und Schiefe von Mardia genutzt werden. Deren Werte sollten nicht über $1,96$ liegen, da dies eine Verlet-zung der Annahme der multivariaten Verteilung anzeigt. Das hat zur Folge, dass der Chi-Quadrat-Wert zu hoch ausfällt und passende Modelle häufiger abgelehnt werden (Bühner, 2021). In diesen Fällen wird dazu geraten, auf eine korri-gierte bzw. robuste Methode des ML-Verfahrens oder auf das WLSMV-Verfahren auszuweichen (Bühner, 2021).

8.2.2.7 Modellprüfung

Im letzten Schritt der konfirmatorischen Faktorenanalyse werden das aufge-stellte Modell bzw. die geschätzten Parameter beurteilt (Backhaus et al., 2015). Dies kann neben einem statistischen Hypothesentest anhand von Kennwerten, sogenannten Fit-Indizes, erfolgen (Bühner, 2021). Dabei handelt es sich um deskriptive Gütekriterien, die als eine Art Faustregeln genutzt werden können (Marsh et al., 2004; Zinnbauer & Eberl, 2004). Hierbei gibt es die Möglichkeit, die Güte des Modells im Gesamten zu beurteilen, weshalb hier von globalen Fit-Indizes bzw. einem globalem Modell-Fit gesprochen wird. Allerdings reichen diese zur Entscheidung über die Annahme oder Ablehnung eines Modells nicht aus, weshalb zusätzlich lokale Fit-Indizes hinzuzuziehen sind (Bühner, 2021; Zinnbauer & Eberl, 2004).

Backhaus et al. (2015) unterscheidet hinsichtlich der Modellprüfung zwi-schen drei Ebenen. Zum einen der Prüfung auf Modellebene, was einer globalen Beurteilung entspricht. Zum anderen findet eine Prüfung des Modells auf Konstruktebene statt, bei der die latenten Variablen und deren Beziehungen zuein-ander beurteilt werden. Weiterhin führt er eine Prüfung auf Ebene der Indikatoren, also der manifesten Variablen, an. Es findet eine Unterscheidung auf lokaler Ebene zwischen Indikator- und Konstruktebene statt. Anhand dieser Struktur sollen nun unterschiedliche Kriterien zur Modellbeurteilung angeführt werden.

Prüfung auf Modellebene. Eine erste Möglichkeit das ermittelte Modell auf glo-baler Ebene zu prüfen, besteht in der Durchführung eines Hypothesentests mittels Chi-Quadrat-Anpassungstests. Dabei wird die Nullhypothese daraufhin getestet, ob die implizierte Varianz-/Kovarianzmatrix der Stichprobe entspricht (Büh-ner, 2021). Dieser Test ist jedoch problematisch, da er an vergleichsweise strikte Kriterien gebunden ist (Zinnbauer & Eberl, 2004; Backhaus et al., 2015). Außer-dem kann mit ihm nicht auf den Fehler 2. Art geprüft werden (Bühner, 2021; Zinnbauer & Eberl, 2004). Weiterhin ist er bei großen Stichproben anfällig

(Jöreskog & Sörbom, 1982; Zinbauer & Eberl, 2004). Allerdings kann der Chi-Quadrat-Wert ins Verhältnis zu den Freiheitsgraden gesetzt und als deskriptives Maß der Güte herangezogen werden. Das Verhältnis sollte kleiner 2,5 sein, um von einer ausreichenden Güte ausgehen zu können (Homburg & Baumgartner, 1995; Backhaus et al., 2015; Zinnbauer & Eberl, 2004).

Als alternatives inferenzstatistisches Maß kann die *Root-Mean-Square-Error of Approximation RMSEA* genutzt werden (Backhaus et al., 2015). Mit diesem Maß wird die „Abweichung der Daten vom Modell pro Freiheitsgrad beschrieben" (Bühner, 2021, S. 502). Das erfolgt dadurch, dass die Differenz zwischen dem Chi-Quadrat-Wert des empirischen Modells χ^2_{emp} und den Freiheitsgraden des Modells df_{Modell} gebildet wird. Diese Differenz ist in das Verhältnis zum Produkt aus den Freiheitsgraden sowie der um eins verminderten Stichprobenzahl n zu setzen. Letztlich wird hieraus die Wurzel gezogen:

$$RMSEA = \sqrt{\frac{\chi^2_{emp} - df_{Modell}}{(n-1) \cdot df_{Modell}}}$$

Das Maß kann dabei einen Wert zwischen null und eins einnehmen. Je kleiner der Wert ist, desto geringer ist die Abweichung des Modells von den Daten (Bühner, 2021). Als Empfehlung für einen guten Modell-Fit kann bei einem $RMSEA <$ $0,06$ (Hu & Bentler, 1998, 1999) ausgegangen werden. Etwas differenzierter ist die Empfehlung der Interpretation von Browne & Cudeck (1992), die bei $RMSEA \leq 0,05$ von einer guten Modellpassung und bei $RMSEA \leq 0,08$ immerhin noch von einer akzeptablen Passung sprechen. Erst bei einem Wert von $RMSEA \geq 0,10$ wird das Modell als inakzeptabel angesehen.

Als weiteres Maß zur globalen Beurteilung kann das *Standardized-Root-Mean-Residuum SRMR* genutzt werden, das im Gegensatz zum RMSEA die Komplexität des Modells nicht berücksichtigt (Bühner, 2021). Das SRMR betrachtet die durchschnittliche Abweichung zwischen Stichprobenvarianzmatrix/-kovarianzmatrix und der implizierten Varianz-/Kovarianzmatrix (Bühner, 2021). Hierzu wird die Differenz res aus Stichprobenkovarianzen und implizierten Kovarianz quadriert und mit dem Produkt der Summen der Anzahl der Modellvariablen multipliziert. Diese wird dann ins Verhältnis zu einem von der Anzahl der Modellvariablen k abhängigen Parameter gesetzt:

$$SRMR = \sqrt{\frac{\sum_{i=1}^{k} \sum_{j=1}^{k} res^2}{\frac{k \cdot (k+1)}{2}}}$$

Auch hier gilt: Je kleiner der Wert, desto besser wird das Modell durch die Daten der Stichprobe beschrieben (Bühner, 2021). Für die Interpretation gibt es unterschiedliche Empfehlungen, wobei im Allgemeinen ein Wert von $SRMR \leq 0,1$ als akzeptabel angesehen wird (Backhaus et al., 2015; Bühner, 2021).

Mit dem *Comparative-Fit-Index CFI* wird das ermittelte Modell mit einem Nullmodell verglichen. In diesem neuen Modell werden lediglich die Varianzen der manifesten Variablen geschätzt und alle weiteren Parameter auf den Wert Null fixiert. Da dieses Modell davon ausgeht, dass keine Korrelationen zwischen den Indikatoren vorliegen, stellt es das unpassendste Modell dar, das geschätzt werden kann (Bühner, 2021), da die Korrelation der Indikatoren eines Konstruktes eine Grundannahme reflektiver Modelle darstellt (Abschnitt 8.2.1). Der Vergleich erfolgt dadurch, dass die Differenzen zwischen dem Chi-Quadrat-Wert des Nullmodells χ_N^2 und zugehörigen Freiheitsgrad df_N sowie den Werten des ermittelten Modells χ_M^2 und df_M ins Verhältnis zueinander gesetzt werden. Dieses Verhältnis wird wiederum von eins abgezogen:

$$CFI = 1 - \frac{\chi_M^2 - df_M}{\chi_N^2 - df_N}$$

Je größer der Wert des CFI ausfällt, desto stärker ist der Unterschied zwischen Nullmodell und dem ermittelten Modell, wobei der maximale Wert 1 beträgt. Ein Wert von 0,96 für den CFI wird im Allgemeinen als Indikator für eine gute Modellpassung gesehen.

Diskussion der Fit-Indizes zur Beurteilung der globalen Modellgüte. An dieser Stelle wurden drei unterschiedliche Möglichkeiten zur Beurteilung der Modellgüte auf globaler Ebene beschrieben. Im Allgemeinen wird eine Kombination aus $RMSEA < 0,06$ und $SRMR \leq 0,09$ oder $CFI \geq 0,96$ und $SRMR \leq 0,09$ nach Hu & Bentler (1998, 1999) als Kriterium für ein passendes Modell herangezogen. Dabei ist jedoch anzumerken, dass diese für die Maximum-Likelihood-Diskrepanzfunktion erprobt wurden (Bühner, 2021) und die Kriterien abhängig von der genutzten Diskrepanzfunktion sind (Xia & Yang, 2018). Allerdings mangelt es an Alternativen für die WLSMV-Diskrepanzfunktion (Xia & Yang, 2018). Eine Empfehlung für binär codierte Daten gibt jedoch Yu (2002) mit $CFI \geq 0,96$ und $RMSEA < 0,05$ bei einer Stichprobengröße von $N \geq 250$. Hinsichtlich der beiden Indizes $RMSEA$ und CFI findet also keine große Abweichung zu den zuvor genannten Empfehlungen statt, jedoch hinsichtlich $SRMR$. Dieser erscheint eher ungeeignet für dichotome Daten. Die WLSMV-Diskrepanzfunktion scheint zu besseren Modellpassungswerten hinsichtlich der

Indizes zu führen (Xia & Yang, 2018). Allerdings sind Annahme und Ablehnung von Modellen auf Basis der hier genannten Kriterien als explizite Anforderungen (sogenannten „Cutoff-values") umstritten (Marsh et al., 2004). Denn bei der Beurteilung der Modellgüte sind auch der Modellumfang, die Anzahl der Parameter und die Stichprobengröße zu berücksichtigen. Die Beurteilung der Modellgüte sollte nicht allein auf Basis eines Fit-Indizes erfolgen. Xia & Yang (2018) sehen den Nutzen von Fit-Indizes viel mehr als relatives Maß der Beurteilung zur Verbesserung von Modellen und der Abwägung unterschiedlicher Modelle gegeneinander, statt als Maß für die absolute Annahme oder Ablehnung von Hypothesen, sowie der damit einhergehenden absoluten Definition von Konstrukten. Hierbei ist zu berücksichtigen, dass es durchaus alternative Modelle gibt, die die Daten unter Umständen besser beschreiben.

Im Rahmen dieser Arbeit soll weniger versucht werden, die Umformungsfertigkeit als Konstrukt zu definieren, als vielmehr die Abhängigkeit sowie Beziehung dieser zu den unterschiedlichen Anwendungsbereichen zu beschreiben. Daher werden die Gütekriterien insbesondere dazu genutzt, um die verschiedenen Modelle gegeneinander abzuwägen, um eine bessere oder schlechtere Passung zu ermitteln. Trotz der hier genannten Kritik an den Indizes werden diese als Maß zur Beurteilung der Modellgüte herangezogen, da es an Alternativen mangelt. Außerdem werden die Modelle weiteren Prüfungen unterzogen.

Prüfung auf Konstruktebene. Auf dieser Ebene soll geprüft werden, ob eine reliable und valide Messung der latenten Variablen durch die manifesten Variablen erfolgt. Hierzu werden Faktorreliabilitäten, durchschnittlich extrahierte Varianzen sowie die Diskriminanzvalidität ermittelt (Backhaus et al., 2015).

Mit der *Faktorreliabilität* soll geprüft werden, inwieweit der ermittelte Wert der latenten Variable frei von Messfehlern ist (Backhaus et al., 2015). Zur Berechnung der Faktorreliabilität werden die mit einer latenten Variablen θ in Zusammenhang stehenden geschätzten Faktorladungen β_i, die Varianz Var_θ sowie die Fehlervariablen $1 - \beta_i^2$ wie folgt in Beziehung zueinander gesetzt:

$$Rel_\theta = \frac{\left(\sum \beta_i\right)^2 Var_\theta}{\left(\sum \beta_i\right)^2 + \sum\left(1 - \beta_i^2\right)}$$

Der Wert der Faktorreliabilität sollte über $0,5$ liegen, um als ausreichend frei von Messfehlern zu gelten (Backhaus et al., 2015).

Als weiteres Maß für die Güte der latenten Variablen wird die durchschnittlich extrahierte Varianz genutzt. Deren Berechnung erfolgt in ähnlicher Weise wie die Erfassung der Faktorreliabilitäten (insbesondere bei Fixierung der Varianz der latenten Variablen auf eins), mit dem Unterschied, dass die Summe quadrierter Faktorladungen genutzt wird (im Gegensatz zur quadrierten Summe der Faktorladungen):

$$DEV_\theta = \frac{\sum \beta_i^2 Var_\theta}{\sum \beta_i^2 Var_\theta + \sum(1 - \beta_i^2)}$$

Im Schnitt sollte die extrahierte Varianz größer oder gleich $0,5$ sein (Bagozzi & Yi, 1988).

Mittels der durchschnittlich extrahierten Varianz lässt sich zudem die Diskriminanzvalidität anhand des Fornell/Larcker-Kriteriums prüfen (Backhaus et al., 2015). Dieses gilt als erfüllt, wenn die durchschnittlich extrahierte Varianz eines Faktors θ_i mindestens so groß ist, wie die quadrierten Kovarianzen, an denen die latente Variable θ_i beteiligt ist (Backhaus et al., 2015; Fornell & Larcker, 1981). Damit wird geprüft, ob die Messung der latenten Variablen eine ausreichende Trennschärfe aufweist (Backhaus et al., 2015).

Prüfung auf Indikatorebene. Auf dieser Ebene werden die manifesten Variablen mithilfe von Prüfmaßen der klassischen Testtheorie bewertet (Backhaus et al., 2015).

Eine erste Prüfung der Indikatoren kann hinsichtlich der *Plausibilität* erfolgen. So ist zu erwarten, dass Faktorladungen positive Vorzeichen aufweisen (Backhaus et al., 2015) und eine Erhöhung des Wertes der latenten Variablen auch zu einer Steigerung der manifesten Variablen führt, sofern der Indikator nicht so formuliert ist, dass er sich gegensätzlich zur Ausprägung der latenten Variable verhält.

Außerdem ist es naheliegend die *Reliabilität* der Indikatoren zu prüfen und diese damit hinsichtlich zufälliger Messfehler zu untersuchen (Backhaus et al., 2015). Diese kann für *einzelne Indikatoren* ermittelt werden und entspricht den quadrierten Faktorladungen (Backhaus et al., 2015). Sie sollten mindestens $0,4$ oder $0,5$ betragen und damit mindestens 40 % bzw. 50 % der Varianz erklären (Backhaus et al., 2015; Bagozzi & Yi, 1988). Zudem kann die Reliabilität über die *interne Konsistenz* einer Gruppe von Indikatoren ermittelt werden, was üblicherweise als Cronbachs Alpha bezeichnet wird (Zinnbauer, & Eberl, 2004). Dieses Maß setzt sich aus der Anzahl der Indikatoren n, der Varianz eines Indikators i Var_i sowie der Varianz des gesamten Tests Var_{ges} zusammen (Cronbach, 1951):

$$\alpha = \frac{n}{n-1}\left(1 - \frac{\sum Var_i}{Var_{ges}}\right)$$

Der Wert zur Beschreibung der internen Konsistenz kann Werte zwischen null und eins einnehmen, wobei ein höherer Wert eine höhere Kovarianz bzw. Korrelation der Variablen untereinander beschreibt (Zinnbauer & Eberl, 2004). Die Schwelle hängt vom Nutzen ab. So wirkt ein Wert von 0,5 oder 0,6 bei ersten Annäherungen an ein Konstrukt akzeptabel, während ein Wert von 0,8 in der Grundlagenforschung zwar wünschenswert, aber nicht notwendig scheint (Nunnally, 1967). Daher wird ein Wert dazwischen, von 0,7, wie er üblicherweise unter Verweis auf Nunnally (1978) gefordert wird (bspw. Zinnbauer & Eberl, 2004), als Schwellenwert festgelegt.

Als weiteres Maß zur Beurteilung der lokalen Güte kann die *Item-to-Total-Korrelation* genutzt werden, die für jeden Indikator angibt, wie stark er mit der Summe der Indikatoren der zugehörigen latenten Variablen korreliert (Homburg & Giering, 1996). Dabei scheint es praktikabel, Indikatoren mit einer Item-to-Total-Correlation $< 0,5$ auszusortieren (Zaichkowsky, 1985; Bearden et al., 1989), was hilfreich ist, falls die Reliabilitäten zu gering ausfallen (Zinnbauer & Eberl, 2004).

Als letztes Gütekriterium wird an dieser Stelle ein lokaler Hypothesentest erläutert, der mittels der sogenannten *Critical Ratio c. r.* durchgeführt werden kann (Bühner, 2021). Hierzu wird der Schätzwert des Parameters β_i ins Verhältnis zu seinem zugehörigen geschätzten Standardfehler SE_{β_i} gesetzt. Ausgehend von der Annahme einer multivariaten Normalverteilung der Ausgangsvariablen kann die Nullhypothese geprüft werden, dass sich ein Parameter nicht signifikant von 0 unterscheidet. Diese Nullhypothese kann bei einem $c.r. > 1,96$ (der Wert ergibt sich daraus, dass mit steigender Stichprobengröße der c. r.-Wert gegen eine z-Verteilung strebt) mit einer Irrtumswahrscheinlichkeit von 5 % abgelehnt werden kann. Dies entspricht der Interpretation, dass der Parameter zur Bildung des Modells beiträgt (Backhaus et al., 2015; Bühner, 2021).

Zusammenfassung der Modellprüfung. In dieser Sektion wurden verschiedene Gütekriterien erläutert, die auf unterschiedlichen Ebenen des Modells anzusiedeln sind. Dabei findet eine Prüfung auf globaler und lokaler bzw. Konstrukt- sowie Indikatorebene statt. Die hier beschriebenen Kriterien entsprechen in weiten Teilen den von Backhaus et al. (2015) und Zinnbauer & Eberl (2004) zusammengetragenen Kriterien. Aus Gründen der Übersichtlichkeit werden alle thematisierten Kriterien samt Empfehlungen in Tabelle 8.1 dargestellt.

Tabelle 8.1 Darstellung der Indizes samt Schwellenwerte zur Modellprüfung

	Empfohlene Werte
Maße zur Beurteilung auf globaler Ebene:	$RMSEA < 0,06$ $CFI \geq 0,96$ $\frac{\chi^2}{df} < 2,5$
Maße zur Beurteilung auf Konstruktebene:	Faktorreliabilität $Rel_\theta > 0,5$ $DEV_\theta \geq 0,5$ Fornell/Larcker-Kriterium $DEV > Cov^2$
Maße zur Beurteilung auf Indikatorebene:	Plausibilitätsprüfung – positive Faktorladungen Indikatorreliabilität $> 0,4$ $\alpha \geq 0,7$ Item-to-Total-Correlation $> 0,5$ $c.r. > 1,96$

8.2.3 Testzusammenstellung

Nachdem die Items konstruiert wurden, gilt es diese innerhalb eines Tests anzuordnen. Dabei ist zu berücksichtigen, dass Lerneffekte eintreten können und die Beantwortung eines Items sich unter Umständen auf die Beantwortung weiterer Items auswirken kann (Rost, 2004). Bei Leistungstests ist es üblich, dass die Items nach der (erwarteten) Schwierigkeit angeordnet werden, so dass der Schwierigkeitsgrad allmählich angehoben wird. Dabei sinkt möglicherweise die Schwierigkeit der anspruchsvolleren Items dadurch, dass potenzielle Lerneffekt auf Basis der leichteren Aufgaben auftreten können (Rost, 2004). Trotz dieses Effektes werden die Items nach der angenommenen Schwierigkeit sortiert, um einem vorzeitigen Abbruch des Testes zu begegnen. Scheitert eine befragte Person bspw. an der ersten Aufgabe, ist es möglich, dass keine weiteren Aufgaben mehr bearbeitet werden, obwohl sie in der Lage wäre eines (oder mehrere) der darauffolgenden Items korrekt zu beantworten. Die Reihenfolge der Items wird dabei konstant gehalten, so dass sich der mögliche Lerneffekt auf die gesamte Zielgruppe auswirken kann.

Die Anordnung der Items innerhalb eines Anwendungsbereichs erfolgt auf Basis der minimal notwendigen Anzahl an Umformungsschritten. Da der Lösungserfolg mit der Anzahl an durchgeführten Umformungsschritten abzunehmen scheint (Stahl, 2000), werden jeweils die beiden Items mit einem notwendigen Umformungsschritt, dann jene mit zwei Umformungsschritten, gefolgt von jenen Gleichungen, die drei Schritte erfordern, angeordnet. Um

Redundanz innerhalb eines Aufgabenbereichs zu vermeiden, wird der Teil des Itemstamms, den alle Items gemein haben, am Anfang des Itemsblocks einmal aufgeführt. Außerdem wird ein Beispiel samt Lösung (ohne Verweis auf Umformungsregeln) präsentiert, um zu verdeutlichen, was zu tun ist.

Neben der Reihenfolge der Items innerhalb eines Anwendungsbereichs, ist die Anordnung der jeweiligen Frageblöcke festzulegen. Hierbei werden an erster Stelle sämtliche Items zum Lösen von Gleichungen präsentiert, weil Aufgaben dieser Art am vertrautesten sein dürften. Sie werden im Mathematikunterricht bereits früh behandelt und bearbeitet. Anschließend werden die Items zum Normieren präsentiert, die nah am Lösen von Gleichungen zu verorten sind, mit dem Unterschied, dass es sich hierbei um eine Art Zwischenschritt für das Lösen quadratischer Gleichungen handelt und daher ebenfalls bekannt sein dürfte. Der Annahme folgend, dass Gleichungen mit mehreren Variablen eine größere Herausforderung für Lernende darstellen (Sill et al., 2010), werden die Aufgaben zum Umstellen an letzter Stelle geprüft. Hierbei werden zunächst die Aufgaben mit Einbettung in einen (Sach-)Kontext präsentiert. Da hier Gleichungen herangezogen werden, die die Lernenden kennen (bspw. Flächeninhalt eines Rechteckes), dürften diese vertrauter sein als jene ohne Einbettung. Diese werden an letzter Stelle positioniert.

Die Anordnung der Items zum Umformen von Gleichungen erfolgt im Gesamten auf Basis der erwarteten Schwierigkeit bzw. Lösungshäufigkeit. Die Anwendungsbereiche werden nacheinander präsentiert: Lösen, Normieren, Umstellen mit und Umstellen ohne Einbettung in einen (Sach-)Kontext. Innerhalb des jeweiligen Anwendungsbereichs wird die Anzahl der mindestens notwendigen Anzahl an Schritten allmählich gesteigert.

8.2.4 Signierung und Codierung der Antworten

Zur Auswertung der Daten müssen die offenen Antworten der Items in Kategorien zusammengefasst werden, was als Signierung bezeichnet wird (Rost, 2004). Da die Umformungsfertigkeit erfasst werden soll, werden die Antworten in die Kategorien „erfolgreiche Überführung einer Gleichung in den zweckmäßigen Zielzustand" und „nicht erfolgreiche Überführung einer Gleichung in den zweckmäßigen Zielzustand" eingeteilt, was einer dichotomen Kategorisierung entspricht. Diese dürfte die am weitesten verbreiteten Art von Antwortvariablen darstellen (Rost, 2004). Um fehlende Daten zu erfassen und analysieren zu können, werden diese ebenfalls signiert und an späterer Stelle gesondert diskutiert

(Abschnitt 10.3). Die Zuordnung von Zahlen zu den Kategorien kann als Codierung bezeichnet werden und ist notwendig, um die Daten weiterverarbeiten zu können (Rost, 2004). Eine nicht erfolgreiche Überführung in den Zielzustand wird dabei als 0 und eine erfolgreiche Überführung in den Zielzustand als 1 codiert. Die dichotome Codierung in 0 und 1 bietet den Vorteil, dass die Summe der Zahlenwerte der absoluten Häufigkeit der korrekt beantworteten Items entspricht.

Die Objektivität des Signierungsprozesses kann darüber geprüft und sichergestellt werden, dass zwei unterschiedliche Person die Antworten signieren und die Übereinstimmung überprüft wird (Rost, 2004). Hierzu wird die relative Häufigkeit h aus der Summe der Anzahl der übereinstimmenden Codes im Verhältnis zu allen gesetzten Codes gebildet. Um einzubeziehen, dass die Übereinstimmungen dem Zufall geschuldet sein können, wird zudem die erwartete Häufigkeit h_e ermittelt, indem die Produkte aus den Randsummen eines jeweiligen Codes ins Verhältnis zum Quadrat der gesamten Codes gesetzt werden. Hieraus kann anschließend die Kenngröße Cohens κ ermittelt werden (Rost, 2004; Landis & Koch, 1977):

$$\kappa = \frac{h - h_e}{1 - h_e}$$

Je näher der Wert von κ an 1 liegt, desto größer ist die Übereinstimmung der Signierungen zwischen den beiden Personen. Dabei wird ein Wert zwischen $0, 81$ und 1 als nahezu perfekt und ein Wert zwischen $0, 61$ und $0, 80$ als substanziell angesehen (Landis & Koch, 1977).

8.3 Qualitative Inhaltsanalyse (Forschungsfrage 2 – Wissen)

Die zweite Forschungsfrage befasst sich mit der Analyse von Beschreibungen Lernender, wozu eine offene Frage gestellt wird (Abschnitt 7.2). Das Format der Frage bringt unterschiedliche Implikationen mit sich. Zwar können die Beantwortungen in korrekte und inkorrekte Beschreibungen kategorisiert werden, allerdings ist von Interesse, inwieweit hier Antworten im Sinne der Waageregeln (bspw. „auf beiden Seiten der Gleichung wurden 2 abgezogen") und der Elementarumformungsregeln (bspw. „die 2 wurde von links nach rechts verschoben, wobei sich das Rechenzeichen ändert") auftreten. Das offene Fragenformat, lässt zu, dass auch andere oder (inkorrekte) Antworten gegeben werden. Da es sich um eine

Textantwort handelt, die die Befragten von sich geben, liegt qualitatives Datenmaterial vor (Döring & Bortz, 2016a). Daher wird auf Verfahren der qualitativen Datenanalyse zurückgegriffen. Hier stehen eine Vielzahl von Methoden zur Verfügung, wobei sich eine Kategorisierung im Bereich der Methodenliteratur noch nicht etabliert hat (Döring & Bortz, 2016a). Einen verbreiteten Ansatz zur Analyse qualitativer Daten stellt die qualitative Inhaltsanalyse dar. Sie sticht dadurch hervor, dass sie zum Ziel hat Inhalte durch eine Kategorienbildung herauszuarbeiten und bei Bedarf zu quantifizieren (Döring & Bortz, 2016a). Im Fall von Forschungsfrage 2 ist von Interesse, das Auftreten von Ausführungen zu Waagebzw. Elementarumformungsregeln zu identifizieren. Die qualitative Inhaltsanalyse bietet zudem den Vorteil, dass sie sich zur Anwendung auf größere Stichproben eignet, während bspw. eine qualitative Dokumentenanalyse in der Regel nur auf sehr kleine Stichproben (im einstelligen oder niedrigen zweistelligen Bereich) angewendet wird (Döring & Bortz, 2016b). Da die Datenerhebung für diese Forschungsfrage im Kontext der ersten Forschungsfrage stattfindet, um sie später auch in Beziehung zueinander setzen zu können (Forschungsfrage 3), wird eine Stichprobengröße von über 200 angestrebt. Dies ist mit ein Grund für die Wahl der qualitativen Inhaltsanalyse.

Hierzulande ist die qualitative Inhaltsanalyse nach Mayring (2010) die etablierteste (Döring & Bortz, 2016b). Darum fällt die Wahl auf diese. Es wird die aktuelle Auflage von Mayring aus dem Jahre 2022 zur qualitativen Inhaltsanalyse herangezogen wird, in welcher sich unterschiedliche Verfahren und Techniken identifizieren lassen. Bevor hierauf eingegangen wird, soll das Ausgangsmaterial bestimmt und die Fragestellung der Analyse geklärt werden (Mayring, 2022).

Zu Beginn der qualitative Inhaltsanalyse ist zunächst festzulegen, welches Material untersucht wird. Dabei sind Aspekte der Stichprobenziehung bzw. Repräsentativität zu diskutieren. Zudem sind die Bedingungen, unter denen das Material produziert wurde, zu berücksichtigen, wie etwa die konkrete Entstehungssituation oder die an der Produktion beteiligten Personen. Außerdem sind formale Merkmale des Materials dahingehend zu beschreiben, dass deutlich wird, in welcher Form das Material analysiert wird (bspw. Transkription einer Aufnahme oder Originaltext) (Mayring, 2022).

Für die Inhaltsanalyse ist eine spezifische Fragestellung essenziell. Hierbei erfolgt in einem ersten Schritt die Festlegung der *Richtung der Analyse*. Zu diesem Zweck wird ein inhaltsanalytisches Kommunikationsmodell zugrunde gelegt, das unterschiedliche Schwerpunkt erlaubt. Das können unter anderem die Wirkung des Materials, der emotionale Zustand oder die Intention eines Kommunikators (Verfassers des Datenmaterials) sein. In einem zweiten Schritt soll dann eine *theoriegeleitete Differenzierung der Fragestellung* erfolgen. Damit ist gemeint, dass die Fragestellung vor der Analyse in Bezug auf eine Theorie gesetzt werden bzw. an vorangegangene Forschung angebunden sein muss, was unter Umständen zur Bildung von Unterfragen führt (Mayring, 2022).

Für die Analyse des Materials selbst können unterschiedliche Verfahren herangezogen werden; Zusammenfassung, Explikation und Strukturierung stellen dabei grundlegende Techniken der Inhaltsanalyse dar (Mayring, 2022; Döring & Bortz, 2016b). Im ersten Fall ist es das Ziel, den Umfang des qualitativen Materials zu reduzieren, wobei die Kernaussagen erhalten bleiben. Das Material wird also zusammengefasst. Bei der Explikation sollen uneindeutige Informationen durch Ergänzungen von Informationen (die sich bspw. auf Grund des Kontextes ergeben) erläutert bzw. geklärt werden. Bei der Strukturierung gilt es, bestimmte Informationen nominaler oder ordinaler Art herauszustellen und das Datenmaterial auf dieser Basis einzuschätzen. Die letzte Technik ist zentral für Forschungsfrage 2, da herausgestellt werden soll, ob in den Beschreibungen Wissen zum Umformen von Gleichungen im Sinne von Waage- und/oder Elementarumformungsregeln repräsentiert wird.

Den allgemeinen Ablauf einer Strukturierung beschreibt Mayring (2022, S. 97) in einem Modell, welches aus sieben Schritten besteht, die im Folgenden kurz beschrieben werden.

1. *Gegenstand, Fragestellung, Theoriehintergrund.* Die Analyse des Datenmaterials soll zielgerichtet mit Blick auf eine Fragestellung und einen theoretischen Hintergrund erfolgen. Auch die Auswahl des Datenmaterials soll begründet erfolgen.

2. *Theoriegeleitete Festlegung der Kategorien (nominal oder ordinal).* Auf der Basis von theoretischen Überlegungen sind entsprechende Kategorien zu bestimmen, die nominaler oder auch ordinaler Art sein können. Zudem können Kategorien auch Unterkategorien aufweisen.

3. *Theoriegeleitete Formulierung von Definitionen, Ankerbeispielen und Kodierregeln zu jeder Kategorie, Zusammenstellung zu einem Kodierleitfaden.* Hier gilt es festzulegen, unter welchen Bedingungen ein Materialbestandteil einer Kategorie zuzuordnen ist (Definition der Kategorie). Zudem sollen konkrete Textstellen als Ankerbeispiele aufgeführt werden, die die Kategorie repräsentieren. Falls nötig, sind außerdem Abgrenzungen zu anderen Kategorien anzuführen. Diese Informationen ergeben den Kodierleitfaden.

4. *Kodierung eines ersten Textteils; Überarbeitung der Kategorien und des Kodierleitfadens.* In dieser Phase wird der Kodierleitfaden angewendet, um das Datenmaterial zu kodieren. Unter Umständen erweisen sich die zuvor festgelegten Kategorien als ungeeignet. In einem solchen Fall ist der Kodierleitfaden

zu überarbeiten und gegebenenfalls sind die Schritte 2. und 3. erneut zu durchlaufen. Dies kann als Pilotierung des Kategorisierungssystems aufgefasst werden.

5. *Endgültiger Materialdurchgang; Zuordnung der Kategorien zu Textpassagen.* Wenn die Kategorien hinreichend trennscharf erscheinen, kann das gesamte Material einer endgültigen Kodierung unterzogen werden.

6. *Intercoder-Übereinstimmungstest.* Dieser Test stellt ein besonderes Gütekriterium der Inhaltsanalyse dar. Hierfür wird das Material von mehreren unabhängigen Personen kodiert und die Übereinstimmung der Kodierungen geprüft. Damit wird die Reliabilität im Sinne einer Reproduzierbarkeit der Kategorisierungen gesichert. Sie kann auch als Mittel zur Beschreibung der Objektivität gesehen werden, da sie die Personenunabhängigkeit testet.

7. *Auswertung, ev. quantitative Analyse (z. B. Häufigkeiten).* Ein Ergebnis der strukturierenden Inhaltsanalyse ist die Zuordnung der Kategorien zum Textmaterial. Diese lassen zu einem gewissen Grad quantitative Analysen zu, indem bspw. Häufigkeiten bestimmt und verglichen werden.

In den ersten drei Schritten wird jeweils ausgeführt, dass theoriegeleitet vorgegangen werden soll. Daher wird die Strukturierung auch als deduktive Kategorienanwendung bezeichnet (Mayring, 2022). Deduktiv ist sie deshalb, weil die Kategorien aus einer Theorie abgeleitet werden. Allerdings sieht der oben beschriebene Ablauf auch Überarbeitungen auf Basis erster Kodierungen vor, was Ähnlichkeiten zur induktiven Kategorienbildung aufweist. Damit ist die Ableitung von Kategorien aus dem Datenmaterial, ohne Bezug zu vorab formulierten Theoriekonzepten, gemeint (Mayring, 2022). Induktive und deduktive Kategorienbildung schließen sich gegenseitig nicht aus und können sich ergänzen (Kuckartz, 2016; Mayring, 2022). Einer Möglichkeit hierfür entspricht die Ergänzung induktiver Kategorien bei interessanten Fundstellen, die durch die deduktiven Kategorien nicht erfasst werden (Mayring, 2022). Diese Vorgehensweise soll zur Untersuchung herangezogen werden, um mögliche Beschreibungen von Äquivalenzumformungen zu kategorisieren, die nicht deduktiv erfasst wurden. Zudem kann hiermit eine Differenzierung der deduktiven Kategorien erfolgen, um verschiedene Varianten bzw. Unterkategorien zu erfassen.

Die induktive Kategorienbildung soll zielgerichtet erfolgen, so dass auch hier im ersten Schritt festgelegt wird, in welche Richtung die Analyse verlaufen soll. Anschließend gilt es das Abstraktionsniveau und das Selektionskriterium festzulegen. Damit geht einher, wie allgemein oder konkret die Kategorisierungen vorgenommen werden sollen. Anschließend werden anhand des Materials entsprechende Kategorien formuliert und ggf. neugebildet. Hierbei kann auch zyklisch gearbeitet werden und die vorangegangenen Schritte können erneut durchlaufen werden, um bspw. das Abstraktionsniveau anzupassen. Ziel ist es, ein hinreichend zufriedenstellendes Kategoriensystem zu entwickeln. Dann kann ein endgültiger Materialdurchgang mit anschließender Interpretation sowie Analyse erfolgen (Mayring, 2022).

8.4 Mittelwertvergleich (Forschungsfrage 3 – Deutungen)

Mit der dritten Forschungsfrage soll geprüft werden, ob unterschiedliches Wissen, repräsentiert durch unterschiedliche Beschreibungen, mit unterschiedlichen Leistungen einhergeht, um mögliche Konsequenzen für den Unterricht dahingehend ableiten zu können, welches Wissen verstärkt bei Lernenden ausgebildet werden soll. Hierfür sollen auf Basis der in Forschungsfrage 2 identifizierten Wissenskategorien eine Kategorisierung der Personen vorgenommen werden und die Mittelwerte der Personengruppen miteinander verglichen werden. Dabei soll auf inferenzstatistische Verfahren zurückgegriffen werden, um die Signifikanz der Unterschiede anhand von Hypothesentests zu ermitteln. Bei diesem Test wird in der Regel in der Nullhypothese auf die Gleichheit der Mittelwerte getestet. Das Verfahren hierfür hängt von den Rahmenbedingungen ab. Lässt sich die Stichprobe in zwei Kategorien unterteilen, so fällt die Wahl auf den t-Test für unabhängige Stichproben, da unterschiedliche Personengruppen miteinander verglichen werden sollen. Dieser Test ist jedoch an unterschiedliche Voraussetzungen geknüpft (identische, unabhängige Verteilung, Normalverteilung, Vergleich kontinuierlicher Variablen) (Bühner & Ziegler, 2017). Alternativ kann auf eine nicht-parametrische Variante zurückgegriffen werden, in diesem Fall den sogenannten U-Test (auch Mann-Whitney-U-Test genannt). Dabei werden Ränge gebildet und die der Gruppen miteinander verglichen. Voraussetzung für nicht-parametrische Tests ist die Unabhängigkeit der Daten (Bühner & Ziegler, 2017). Sollten sich mehr als zwei zu vergleichende Gruppen ergeben, so ist auf die univariate Varianzanalyse (ANOVA) bzw. robuste oder nicht-parametrische Verfahren, wie den Kruskal-Wallis Test, auszuweichen (Bühner & Ziegler, 2017).

Datenerhebung 9

Die Datenerhebung fand im Sommer 2021 mit Genehmigung des Bayerischen Staatsministeriums für Unterricht und Kultus statt. Es wurde das schriftliche Einverständnis der Teilnehmenden und deren Vormündern eingeholt. Aus pragmatischen Gründen wurde der Zeitpunkt für die Datenerhebung auf das Ende des Schuljahres 2020/2021 gelegt, da eine Testung in Präsenz angestrebt wurde und nicht absehbar war, wie sich die pandemische Lage weiterentwickeln würde.

Zur Gewinnung der Stichproben wurden Lehrkräfte und Vertreter unterschiedlicher bayerischer Schulen kontaktiert. Die Auswahl der angesprochenen Lehrkräfte und die daraus resultierende Stichprobe war willkürlich, weshalb eine Gelegenheitsstichprobe vorliegt (Döring & Bortz, 2016e). Die Stichprobe besteht aus 271 Schülerinnen und Schüler aus 15 Klassen (Tabelle 9.1). Dabei setzt sich die Stichprobe zu fast gleichen Teilen aus Teilnehmenden der Realschule (N = 132) und des Gymnasiums (N = 139) zusammen. Innerhalb der Realschule ist die Anzahl der Teilnehmenden zwischen Jahrgangsstufen 9 und 10 ähnlich groß. An den Gymnasien überwiegen die Teilnehmenden der Jahrgangsstufen 10 mit N = 108 aus sieben Klassen. Aus der Jahrgangsstufe 9 nahmen N = 31 Personen aus zwei Klassen teil. Die Datenerhebung fand jeweils im Rahmen einer Schulstunde statt, so dass abzüglich einer Einführung etwa 40 Minuten Zeit für die Bearbeitung zur Verfügung stand.

© Der/die Autor(en), exklusiv lizenziert an Springer Fachmedien Wiesbaden GmbH, ein Teil von Springer Nature 2023
N. Noster, *Deutungen und Anwendungen von Äquivalenzumformungen*, Studien zur theoretischen und empirischen Forschung in der Mathematikdidaktik, https://doi.org/10.1007/978-3-658-43280-5_9

Tabelle 9.1 Zusammensetzung der Stichprobe der Datenerhebung

	Realschule	Gymnasium	Σ
Klasse 9	3 Klassen, N = 69	2 Klassen, N = 31	5 Klassen, N = 100
Klasse 10	3 Klassen, N = 63	7 Klassen, N = 108	10 Klassen, N = 171
Σ	6 Klassen, N = 132	9 Klassen, N = 139	15 Klassen, N = 271

Datenaufbereitung

10

Vor der Datenanalyse wurden die Daten, die in Form von bearbeiteten Fragebögen vorliegen, aufbereitet. Dies beinhaltet die Digitalisierung der Daten, die Kategorisierung und Codierung der Daten sowie den Umgang mit fehlenden Daten, was im Folgenden näher erläutert wird.

10.1 Digitalisierung der Daten

Die Fragebögen wurden in einem ersten Schritt digitalisiert, indem die handschriftlichen Beantwortungen am Computer abgeschrieben und in eine Tabelle eingegeben wurden. Bei den Items zum Umformen von Gleichungen wurde hierbei lediglich die letzte bzw. unterste Gleichung (falls zutreffend auch die Lösungsmenge) als Antwort übertragen. Gleichungen, die im Bearbeitungsprozess entstanden, wurden nicht digitalisiert. Hinsichtlich der verbleibenden Items wurde die vollständige Antwort in der Tabelle festgehalten. In einem nächsten Schritt fand die Signierung (Einteilung der umgeformten Gleichungen in korrekt / inkorrekt) sowie Codierung der Antworten (Zuordnung der Antworten von Zahlen) für eine weiterführende Datenverarbeitung statt (Rost, 2004).

© Der/die Autor(en), exklusiv lizenziert an Springer Fachmedien Wiesbaden GmbH, ein Teil von Springer Nature 2023
N. Noster, *Deutungen und Anwendungen von Äquivalenzumformungen*, Studien zur theoretischen und empirischen Forschung in der Mathematikdidaktik, https://doi.org/10.1007/978-3-658-43280-5_10

10.2   Prüfung der Objektivität der Signierung und Codierung

Die Signierung und Codierung der $271 \cdot 24 = 6504$ Antworten wurde vom Autor anhand eines zu diesem Zwecke erstellten Codiermanuals durchgeführt. Zur Prüfung der Objektivität dieses Vorgangs wurde eine zweite Person hinzugezogen, die anhand desselben Manuals eine Codierung vornahm. Die Übereinstimmung wurde an einer zufällig gezogenen Stichprobe von 11 % (Daten von 30 Teilnehmenden) der ursprünglichen Stichprobe durchgeführt. Das resultierte in der Prüfung von 720 Codierungen auf Übereinstimmung (Tabelle 10.1).

Tabelle 10.1 Übereinstimmungsmatrix zwischen den Codierenden, wobei 0 für inkorrekte Bearbeitungen, 1 für korrekte Bearbeitungen und 999 für fehlende Bearbeitungen stehen

		Codierung 1			Gesamt
		0	1	999	
Codierung 2	0	271	4	1	276
	1	3	407	0	410
	999	0	0	34	34
Gesamt		274	411	35	720

In 712 der 720 Fällen stimmten die Codierungen überein, was einer Übereinstimmungsquote von $h = 98,\overline{8}$ entspricht. Zu erwarten wäre eine Übereinstimmung auf Grund des Zufalls von $h_e = \frac{276 \cdot 274 + 410 \cdot 411 + 34 \cdot 35}{720^2} \approx 0,473$. Anhand der beiden Kenngrößen lässt sich Cohens Kappa $\kappa = \frac{98,\overline{8} - 0,473}{1 - 0,473} \approx 0,9789$ berechnen. Da der Wert über $0,8$ und nahe an 1 liegt, kann von einer fast perfekten Übereinstimmung gesprochen werden (Abschnitt 8.2.4). Die Stichprobe wurde zufällig gezogen, so dass keine großen Abweichungen hinsichtlich der Güte der Objektivität der Signierung und Codierung in Bezug auf den Rest der Stichprobe zu erwarten ist.

10.3   Umgang mit fehlenden Daten

Die Beantwortung eines Teils der Items zum Umformen von Gleichungen blieb aus. Ein solches Verhalten konnte bei etwa 28 % (76 von 271) der Teilnehmenden beobachtet werden. Im Rahmen von Leistungstests ist es zwar nicht unüblich diese unmittelbar als inkorrekte Beantwortung zu codieren (Rost, 2004), nichtsde-stotrotz stellt dies eine Bearbeitung der Daten dar, die die Auswertung beeinflusst, weshalb die Rechtfertigung einer solchen Umcodierung (von fehlerhaft zu inkor-rekt) hier diskutiert wird. Hierzu werden mögliche Ursachen für das Fehlen der Daten in Betracht gezogen.

Das Fehlen von Beantwortungen kann dem Zufall geschuldet sein, so dass kein nachvollziehbarer Grund existiert. Dies steht auch nicht mit dem zu messenden Konstrukt in Verbindung (*missing at random*) (Rost, 2004). Weiterhin kann das Fehlen der Struktur der Datenerhebung geschuldet sein, so dass die Teilnehmen-den keine Möglichkeit hatten die Frage zu beantworten; beispielsweise, weil die Items nicht vorgelegt wurden (*missing by design*) (Rost, 2004). Zudem können fehlende Daten im Zusammenhang mit dem zu messenden Konstrukt bzw. der Personenfähigkeit stehen. Das ist der Fall, wenn ein Item wegen einer zu hohen Schwierigkeit nicht beantwortet wurde, was eine Codierung als inkorrekte Beant-wortung nahelegt (Rost, 2004). Diese drei Fälle sollen als mögliche Ursache für das Zustandekommen der fehlenden Daten diskutiert werden. Diese Problema-tik war auf Grund einer Vorerprobung vorheriger Testversionen bekannt. Darum wurden die Teilnehmenden am Ende des Tests dazu aufgefordert, den Test hin-sichtlich der Schwierigkeit (fünfstufige Likert-Skala von „viel zu schwer" bis „viel zu leicht" codiert von -2 bis 2) und der verfügbaren Zeit einzuschätzen (fünfstufige Likert-Skala von „viel zu gering" bis „viel zu viel" codiert von -2 bis 2). Zusätzlich wurde um Auskunft über die durchschnittliche Note im Fach Mathematik des vorangegangenen Schuljahres gebeten. Diese Daten werden bei der Diskussion hinzugezogen, um mögliche Zusammenhänge herauszustellen.

Beim Fehlen der Werte auf Grund des Zufalls, ist zu erwarten, dass dies alle Testungen betrifft. Demnach dürften die fehlenden Werte sich auch gleichermaßen auf alle teilnehmenden Personen erstrecken. Es wiesen ca. 10 % (n $= 14$) aller Bearbeitungen aus dem Gymnasium fehlende Werte auf, während es von Teilneh-menden der Realschule knapp die Hälfte der Bearbeitungen (ca. 47 %, n $= 64$) betrifft. Dies legt die Vermutung nahe, dass ein Zusammenhang zwischen Schul-form und dem Auftreten von fehlenden Werten besteht, was wiederum gegen eine Zufallsvariable spricht. Da sich das Gymnasium eher an leistungsstärkeren Schülerinnen und Schülern orientiert und ein höherer Schulabschluss angestrebt wird als in der Realschule, kommt ein Zusammenhang zwischen der allgemeinen Leistungsstärke in der Schule und dem Fehlen von Werten in Frage. Allerdings ist ein Unterschied im Leistungsniveau nicht zwingend gegeben, weshalb unten nochmals auf individueller Ebene ein möglicher Zusammenhang zwischen der Leistungsfähigkeit und dem Vorhandensein von fehlenden Werten eingegangen wird. Unabhängig hiervon scheint der Zufall nicht die dominierende Ursache fehlender Beantwortungen zu sein.

Im Rahmen der Testdurchführung wurden allen Probanden alle Items (mittels Testheft, einseitig bedruckt) vorgelegt, was eine Quelle für das Fehlen auf Grund des Designs ausschließt. Zudem machten alle Teilnehmenden Angaben auf der letzten Seite des Testheftes, weshalb davon auszugehen ist, dass das Testheft einmal durchgeblättert wurde und die Items auch wahrgenommen wurden. Allerdings besteht hier dennoch die Möglichkeit, dass die Items auf Grund zeitlicher Restriktionen nicht bearbeitet wurden. In der Tat lässt sich ein hoch signifikanter Zusammenhang (Kendall-Tau-b, da nicht-kontinuierliche Variablen vorliegen) mittlerer Stärke, interpretiert nach Cohen (1988), zwischen der Einschätzung des zeitlichen Bedarfs und der Anzahl der fehlenden Werte feststellen (Kendall-Tau-b von $-0{,}409$, p<0,001, Tabelle 10.2). Je größer der Mangel an Zeit beschrieben wird, desto höher fällt die Anzahl der fehlenden Werte aus. Ein ähnlich starker sowie hoch signifikanter Zusammenhang besteht zwischen der Einschätzung der Schwierigkeit und des zeitlichen Bedarfs (Kendall-Tau-b von 0,414, p<0,001, Tabelle 10.2). Wird der Test schwieriger eingeschätzt, so wird auch eher der zeitliche Bedarf höher eingeschätzt. Zudem besteht ein hoch signifikanter Zusammenhang zwischen der Einschätzung der Zeit und der durchschnittlichen Note des vorangegangenen Jahres. Letztere Variable steht stellvertretend für die allgemeine mathematische Fähigkeit (Kendall-Tau-b von $-0{,}286$, p<0,001, Tabelle 10.2), so dass tendenziell Teilnehmende mit schlechteren Noten höhere Anzahlen an fehlenden Werten aufweisen. Dabei ist anzumerken, dass dieser Effekt kleiner ausfällt als bei den anderen beiden Korrelationen.

Die Anzahl der fehlenden Beantwortungen steht zwar im Zusammenhang damit, dass der zeitliche Bedarf als zu gering eingeschätzt wird, allerdings steht diese Einschätzung wiederum im Zusammenhang zur wahrgenommenen Schwierigkeit und der Note in Mathematik. Daher steht die mangelnde Zeit auch mit der Leistungsfähigkeit des Einzelnen im Zusammenhang, was also auf das Fehlen auf Grund der Personenfähigkeit hindeutet.

Tabelle 10.2 Korrelation zwischen der Einschätzung des zeitlichen Bedarfs und der Anzahl an Fehlenden Werten, Note in Mathematik aus dem Vorjahr sowie der Einschätzung der Schwierigkeit des Tests

		fehlende Werte	Schwierigkeit	Note
Zeitlicher Bedarf	**Kendall-Tau-b**	$-0{,}409^{**}$	$0{,}414^{**}$	$-0{,}286^{**}$
	Sig. (2-seitig)	<0,001	<0,001	<0,001
	N	268	267	267

Erste Anzeichen dafür, dass die Personenfähigkeit bzw. das zugrundeliegende Konstrukt für das Fehlen der Werte verantwortlich ist, konnten bei der Frage nach der Rolle der zeitlichen Restriktionen ermittelt werden. Um diese Frage zu diskutieren, wird untersucht, ob ein Zusammenhang zwischen der Anzahl der fehlenden Werte, der Einschätzung der Schwierigkeit, des zeitlichen Bedarfs und der Selbstauskunft der Note besteht (Tabelle 10.3). Hierbei besteht jeweils ein hoch signifikanter Zusammenhang ($p<0{,}001$) zwischen der Anzahl der fehlenden Werte und den drei eben genannten Merkmalen, wobei die Effektstärken sich jedoch unterscheiden. Der stärkste Zusammenhang mit mittlerem Effekt (Kendall-Tau-b $-0{,}483$) besteht darin, dass die schwierigere Einschätzung des Tests mit einer höheren Anzahl an fehlenden Bearbeitungen einhergeht. Ein etwas schwächerer und mittlerer Effekt geht mit der Einschätzung hinsichtlich der verfügbaren Zeit einher (Kendall-Tau-b $-0{,}409$). Der schwächste Zusammenhang, bei eher geringem Effekt, besteht zwischen der angegebenen Note und der Anzahl der fehlenden Werte (Kendall-Tau-b $0{,}221$). Dies könnte damit im Zusammenhang stehen, dass die Mathematiknote die mathematische Leistung im Allgemeinen beschreibt und somit auch Fähigkeiten sowie Fertigkeiten beinhaltet, die über das Umformen von Gleichungen hinausgeht. Zudem beschreiben gleiche Notenwerte nicht zwangsläufig die gleiche Leistung. Sie berücksichtigen bspw. nicht die zugrunde gelegten Curricula, die sich zwischen den Schulformen unterscheiden. Eine sehr gute Leistung an der Realschule beschreibt nicht zwangsläufig eine sehr gute Leistung am Gymnasium. Jedoch ist festzuhalten, dass ein Zusammenhang zwischen der allgemeinen mathematischen Leistung und dem Auftreten fehlender Werte besteht.

Tabelle 10.3 Korrelation zwischen der Anzahl fehlender Werte und der Note in Mathematik aus dem Vorjahr, der Einschätzung der Schwierigkeit des Tests sowie der Einschätzung des zeitlichen Bedarfs

		Zeit	Schwierigkeit	Note
Summe fehlender Werte	**Kendall-Tau-b**	$-0{,}409^{**}$	$-0{,}483^{**}$	$0{,}221^{**}$
	Sig. (2-seitig)	<0,001	<0,001	<0,001
	N	268	268	270

Die zuvor geführten Diskussionen beziehen sich auf statistische Merkmale. An dieser Stelle wird auf die Struktur der fehlenden Daten eingegangen. Etwa die Hälfte der Datensätze ($n = 39$) mit fehlenden Werten weisen höchstens vier unbeantwortete Items auf. In diesen Fällen häufen sich die fehlenden Beantwortungen vor allen Dingen in den letzten beiden Items einer Kategorie – also all jenen, die drei Umformungsschritte zur Erreichung des Ziels erfordern (dürften). Das sind die Items, welche tendenziell die geringsten relativen Lösungshäufigkeiten aufweisen (Tabelle 10.4). Zudem sind die fehlenden Werte von fehlerhaften Bearbeitungen umgeben. Das heißt, dass Items vor und/oder nach der Nichtbearbeitung häufig inkorrekt bearbeitet wurden. In jenen Fällen, auf die das nicht zutrifft, überwiegt die Summe der inkorrekten Bearbeitungen, die der korrekten oder sie liegen dicht beieinander. Dies deutet darauf hin, dass das Fehlen auf die Personenfähigkeit zurückzuführen ist.

Zur Analyse der verbleibenden Fälle, die mehr als vier fehlende Werte aufweisen (n = 37) wird vor allen Dingen die Summe der korrekten und inkorrekten Bearbeitungen herangezogen. Zwar betreffen die fehlenden Werte einen ganzen Aufgabenblock, so dass bspw. kein Item zum Normieren bearbeitet wurde, allerdings überwiegen bei 28 Teilnehmenden die inkorrekten Bearbeitungen gegenüber den korrekten. In zwei Fällen sind diese beiden Summen gleich. Bei sieben Personen ist die Summe der korrekten Bearbeitungen größer als die der inkorrekten. Das heißt, dass hier in den meisten Fällen davon auszugehen ist, dass dies im Zusammenhang mit der Personenfähigkeit steht, da mehrheitlich die inkorrekten Bearbeitungen gegenüber den Korrekten überwiegen.

Die Analysen deuten auf einen Zusammenhang zwischen dem Fehlen von Bearbeitungen und dem zu messenden Konstrukt hin. Als Indikator dienen hierfür die hoch signifikanten Korrelationen zwischen der Anzahl der fehlenden Werte und Note bei geringem und Einschätzung der Schwierigkeit bei mittlerem Effekt. Auch die Analyse der Datenstruktur scheint dies zu untermauern, da das Fehlen von Werten, mit wenigen Ausnahmen, mit inkorrekten Bearbeitungen einhergeht. Daher wird die Entscheidung getroffen, fehlende Bearbeitungen als inkorrekt zu werten, da für die weiterführenden Analysen vollständige Datensätze benötigt werden. Andernfalls könnten rund 28 % der Datensätze nicht berücksichtigt werden, womit die angestrebte Stichprobengröße, die für eine konfirmatorische Faktorenanalyse zweckmäßig ist, nicht erreicht und die Stichprobe verzerrt wird. Dabei wird in Kauf genommen, dass die Personenfähigkeiten einzelner Personen unterschätzt wird, was insbesondere jene 7 Personen betreffen dürfte, die mehr korrekte als inkorrekte Bearbeitungen aufweisen, was zu einer möglichen Verzerrung der Daten führt. Allerdings sind dies weniger als 2,6 % des gesamten Datensatzes, so dass die Auswirkungen überschaubar sein dürften. In allen anderen Fällen scheint diese Umcodierung im Einklang mit der Personenfähigkeit zu stehen und somit gerechtfertigt. Abschließend sei darauf verwiesen, dass es keine Patentrezepte zum Umgang mit fehlenden Werten gibt und die Codierung von fehlenden Werten in Leistungstests als inkorrekt als gängig angesehen werden kann (Rost, 2004).

Tabelle 10.4 Anzahl an (nicht-)beantworteten Items n und relative Lösungshäufigkeit h

		lsn1	lsn2	lsn3	lsn4	lsn5	lsn6	nrm1	nrm2	nrm3	nrm4	nrm5	nrm6
n	gültig	254	241	251	255	251	249	251	255	253	251	247	247
	fehlend	17	30	20	16	20	22	20	16	18	20	24	24
h		0,86	0,88	0,82	0,60	0,71	0,62	0,82	0,72	0,74	0,78	0,70	0,71

		um1	um2	um3	um4	um5	um6	uma1	uma2	uma3	uma4	uma5	uma6
n	gültig	258	259	253	247	226	223	261	262	256	250	252	220
	fehlend	13	12	18	24	45	48	10	9	15	21	19	51
h		0,70	0,90	0,48	0,54	0,42	0,37	0,67	0,81	0,54	0,44	0,53	0,26

Datenanalyse 11

Die Diskussion der jeweiligen Forschungsfragen erfordert unterschiedliche Methoden der Analyse (Kapitel 8), so dass die Auswertung getrennt erfolgt. Zunächst wird die konfirmatorische Faktorenanalyse zur Testung der Struktur der Umformungsfertigkeit angewendet (Forschungsfrage 1). Anschließend wird die Qualitative Inhaltsanalyse durchgeführt, um die Beschreibungen der Lernenden zu Äquivalenzumformungen zu strukturieren (Forschungsfrage 2), bevor dann die Ergebnisse der Strukturierung in Beziehung zur Umformungsfertigkeit gesetzt werden (Forschungsfrage 3).

11.1 Konfirmatorische Faktorenanalyse

Die Analysen wurden unter der Verwendung der Software R (Version 4.1.1; 2021–08–10) durchgeführt. Die Schätzung der Modelle fand mittels des Paketes „lavaan" (Version 0.6–9) statt, wobei die alternativen Modelle mit metrischen Daten 1*, 2* und 3* in der Version 0.6–12 des Paketes „lavaan" erfolgte. Zur Berechnung der durchschnittlichen extrahierten Varianz (DEV/AVE) wurde zusätzlich das Paket „semTools" (Version 0.5–5) und zur Ermittlung der Reliabilitäten auf Indikator-Ebene das Paket „psych" (Version 2.1.6) genutzt. Weitere Berechnungen wurden unter Verwendung einer Tabellenkalkulationssoftware durchgeführt.

© Der/die Autor(en), exklusiv lizenziert an Springer Fachmedien Wiesbaden GmbH, ein Teil von Springer Nature 2023
N. Noster, *Deutungen und Anwendungen von Äquivalenzumformungen*, Studien zur theoretischen und empirischen Forschung in der Mathematikdidaktik, https://doi.org/10.1007/978-3-658-43280-5_11

11.1.1 Prüfung der Indikatoren auf Normalverteilung

Eine Voraussetzung für das Schätzen der Parameter mittels Maximum-Likelihood-Diskrepanzfunktion stellt die multivariate Normalverteilung der Daten dar (Abschnitt 8.2). Da dies nur die alternativen Modelle und somit lediglich die zusammengefassten Variablen betrifft, werden an dieser Stelle ausschließlich jene untersucht. Es werden zunächst Schiefe bzw. Skew und der Exzess berichtet (berechnet mittels IBM SPSS Statistics, Version: 28.0.1.0), wobei die Transformation von Exzess zu Kurtosis mittels Tabellenkalkulationssoftware vollzogen wurde. Die anschließende Untersuchung hinsichtlich einer multivariaten Normalverteilung wird anhand des Mardia-Tests geprüft (berechnet mit dem Paket „psych" 2.2.5 in R) (Tabelle 11.1).

Fünf der acht Werte für die Schiefe weisen negative Werte auf, was auf eine linksschiefe und rechtssteile Verteilung dieser Items hinweist. Die beiden Indikatoren zum Umstellen von anwendungsbezogenen Gleichungen um135 und um246 weisen Werte von $\leq |0,021|$ auf, was einer symmetrischen Verteilung am nächsten kommt. Der letzte aufgeführte Indikator, zum Umstellen von Gleichungen ohne Einbettung in einen (Sach-)Kontext uma246, weist, neben den beiden zuvor genannten, einen positiven Wert auf. Dieser liegt jedoch weiter entfernt von null und deutet am ehesten eine linkssteile und rechtsschiefe Verteilung an. Insgesamt sind die Werte für die Schiefe im Betrag alle kleiner als zwei und liegen somit innerhalb der Grenzen, so dass die Abweichungen hinsichtlich der Symmetrie unproblematisch erscheinen (Abschnitt 8.2.2.6).

Die Werte für den Exzess der Indikatoren reichen von $-1,398$ bis $-0,361$ und sind somit durchweg negativ, was auf eine breitgipfligere Verteilung als die der Normalverteilung hindeutet. Bei der Transformation des Exzesses in die Kurtosis werden Werte von $1,602$ bis $2,609$ eingenommen, die allesamt unterhalb der Grenze von 7 liegen, so dass die einzelnen Indikatoren hinsichtlich der Wölbung eine akzeptable Abweichung von der Normalverteilung aufweisen (Abschnitt 8.2.2.6).

Der Wert der multivariaten Kurtosis liegt mit $1,85$ unter dem kritischen Wert von $1,96$ und weist auch keine Signifikanz ($p = 0,064$) im Hypothesentest auf. Die Hypothese, dass die Wölbung der einer Normalverteilung entspricht, wird daher nicht verworfen. Die Schiefe der multivariaten Verteilung hingegen beträgt $295,38$ und ist mit $p < 0,001$ signifikant, so dass die Hypothese der Geltung einer multivariaten Schiefe von null zu verwerfen ist, was gegen eine multivariate Normalverteilung der Indikatoren spricht (Abschnitt 8.2.2.6).

Während Kurtosis und Schiefe für die einzelnen manifesten Variablen in einem ausreichenden Maß von der Normalverteilung abweichen, scheint eine Verletzung

Tabelle 11.1 Skew und Kurtosis der zusammengefassten Variablen gerundet auf drei Nachkommastellen, inkl. Ergebnisse des Mardia-Tests zur Prüfung auf multivariate Normalverteilung

	lsn135	lsn246	nrm135	nrm246	um135	um246	uma135	uma246	Multivariat
Skew	−1,060	−0,559	−0,915	−0,795	0,020	0,021	−0,167	0,303	295,38; p < 0,001
Kurtosis	2,639	1,759	2,415	2,088	1,602	1,914	1,458	2,218	1,85; p = 0,064
Exzess	−0,361	−1,241	−0,585	−0,912	−1,398	−1,086	−1,542	−0,782	

der multivariaten Normalverteilung mit Blick auf die Symmetrie bzw. Schiefe vorzuliegen. Daher ist mit einem erhöhten Chi-Quadrat-Wert bei Verwendung der Maximum-Likelihood-Diskrepanzfunktion zu rechnen, was eine erhöhte Gefahr der Ablehnung mit sich bringt (Bühner, 2021). Daher ist auf ein robustes Verfahren auszuweichen, das keine multivariate Normalverteilung voraussetzt, weshalb soweit möglich Werte robuster Schätzungen berichtet werden.

11.1.2 Modell M1

Im Modell M1 wurden 24 Faktorladungen sowie 24 Fehlervarianzen über 20 Iterationen hinweg geschätzt. Da es sich um ein einfaktorielles Modell handelt, werden keine Kovarianzen geschätzt, so dass in Summe 48 Parameter betrachtet werden. Zur Schätzung wurde eine WLSMV-Diskrepanzfunktion verwendet (Abschnitt 8.2.2.5).

11.1.2.1 Indikatoren – Faktorladungen und Güte

Die geschätzten Faktorladungen des Modells entsprechen den standardisierten Faktorladungen. Die Faktorladungen β_i reichen von ca. 0,634 bis hin zu 0,926 (Tabelle 11.2). Im (arithmetischen) Mittel bewirkt eine Änderung der Ausprägung der latenten Variablen um 1 eine Änderung der Ausprägung der manifesten Variablen von 0,798. Der Median liegt mit 0,804 nahe am arithmetischen Mittel.

Der Standardfehler liegt durchschnittlich (arithmetisches Mittel) bei 0,039 und reicht von 0,023 bis 0,067 (Tabelle 11.2), was eher gering ist und dazu beiträgt, dass die critical ratio eher hohe Werte einnimmt. Die critical ratio c. r. beträgt mindestens einen Wert von 9,864 und liegt somit über dem Schwellenwert von 1,96. Dementsprechend sind die Signifikanzen der Faktorladungen mit $p < 0,001$ angegeben und als signifikant anzusehen.

Die Reliabilitäten der Indikatoren reichen von 0,401 bis 0,857 (Tabelle 11.2). Sie erklären daher alle mindestens eine Varianz von 40 % und liegen oberhalb des niedrigeren Schwellenwertes von 0,4. Die drei Indikatoren um2, uma2 sowie uma4 weisen Werte kleiner als 0,5 auf, so dass alle anderen Indikatoren oberhalb der etwas strikteren Grenze von 0,5 liegen. Insgesamt liegen die Reliabilitäten der einzelnen Indikatoren also in einem akzeptablen Rahmen. Cronbachs Alpha nimmt einen Wert von 0,934 ein, so dass hier von einer hohen Zuverlässigkeit der Messung und internen Konsistenz der Items ausgegangen werden kann.

Die Werte der Item-To-Total-Korrelationen der einzelnen Indikatoren nehmen Werte von 0,46 bis 0,73 ein (Tabelle 11.2). Die drei hinsichtlich der Reliabilität auffälligen Indikatoren um2, uma2 und uma4 liegen unterhalb bzw. genau auf

Tabelle 11.2 Faktorladungen β_i; zugehörige Standardfehler; c. r.-Werte inkl. Überschreitungswahrscheinlichkeiten; Indikatorreliabilität und Item-to-Total-Correlation der Indikatoren des Modells M1 mit Hervorhebung auffälliger Werte

Faktor	Indikator	Geschätzte Faktorladung	Std. Err	c. r.	p	Indikatorreliabilität β^2	Item-to-Total-Correlation
θ_{ges}	lsn1	0,926	0,031	29,968	0,000	0,8570013	0,69
	lsn2	0,902	0,034	26,644	0,000	0,8138861	0,69
	lsn3	0,836	0,043	19,604	0,000	0,6992588	0,65
	lsn4	0,825	0,031	26,628	0,000	0,6806544	0,68
	lsn5	0,773	0,042	18,540	0,000	0,5981210	0,63
	lsn6	0,841	0,03	28,388	0,000	0,7077850	0,70
	nrm1	0,804	0,049	16,554	0,000	0,6464893	0,61
	nrm2	0,818	0,038	21,710	0,000	0,6691554	0,66
	nrm3	0,717	0,049	14,653	0,000	0,5136136	0,56
	nrm4	0,795	0,041	19,340	0,000	0,6326901	0,63
	nrm5	0,741	0,043	17,370	0,000	0,5492294	0,57
	nrm6	0,793	0,039	20,515	0,000	0,6282245	0,63
	um1	0,749	0,046	16,221	0,000	0,5607052	0,59
	um2	0,665	0,067	9,864	0,000	**0,4420329**	**0,46**
	um3	0,764	0,037	20,668	0,000	0,5844365	0,58
	um4	0,896	0,025	35,641	0,000	0,8022388	0,71
	um5	0,804	0,032	25,503	0,000	0,6463947	0,59
	um6	0,853	0,028	30,901	0,000	0,7278534	0,59

(Fortsetzung)

Tabelle 11.2 (Fortsetzung)

Faktor	Indikator	Geschätzte Faktorladung	Std. Err	c. r.	p	Indikatorreliabilität β^2	Item-to-Total-Correlation
	uma1	0,733	0,047	15,641	0,000	0,5369207	0,59
	uma2	0,652	0,06	10,888	0,000	**0,4245647**	**0,48**
	uma3	0,899	0,023	38,612	0,000	0,8081846	0,73
	uma4	0,634	0,054	11,645	0,000	**0,4014533**	0,50
	uma5	0,862	0,027	32,251	0,000	0,7431728	0,69
	uma6	0,86	0,029	29,850	0,000	0,7392491	0,52

dem Schwellenwert von 0,5. Alle anderen Indikatoren tragen ausreichend viel zur Reliabilität bei. Hinsichtlich critical ratio, Reliabilität und interne Konsistenz genügen die Indikatoren den Anforderungen der Güte. Allerdings sind drei Indikatoren hinsichtlich ihrer Item-to-Total-Korrelation auffällig. Da die interne Konsistenz jedoch einen hohen Wert von über 0,9 einnimmt, wird das Modell nicht modifiziert und keine Indikatoren auf Grund einer (etwas) zu niedrigen Item-to-Total-Korrelation aussortiert. Darüber hinaus gibt es keine Beanstandungen, so dass keine Notwendigkeit besteht das Modell auf Basis der Güte der Indikatoren zu verwerfen.

11.1.2.2 Güte des Konstruktes

Hinsichtlich der Güte des Konstruktes lässt sich feststellen, dass die Reliabilität mit einem Wert von 0,977 (Tabelle 11.3) äußerst hoch ausfällt und somit auf ein zuverlässiges Konstrukt hinweist. Die durchschnittlich extrahierte Varianz liegt mit 0,6422 über dem Schwellenwert von 0,5, so dass diesbezüglich von einer ausreichenden Güte gesprochen werden kann.

Tabelle 11.3 Reliabilität (Rel) und durchschnittlich extrahierte Varianz (DEV) der latenten Variable θ_{ges} des Modells M1

	θ_{ges}
Rel_θ	0,97710401
DEV	0,6422215

Da es sich beim Modell M1 um ein eindimensionales Konstrukt handelt, bestehen auf Konstruktebene keine (nicht trivialen) Kovarianzen, weshalb auch die Diskriminanzvalidität mittels des Fornell/Larcker-Kriteriums nicht geprüft werden kann. Auf Basis der beiden hier aufgeführten Kenngrößen gibt es keinen Anlass dazu das Modell abzulehnen.

11.1.2.3 Globale Modellgüte

Zur Prüfung der Modellgüte auf globaler Ebene werden CFI, RMSEA sowie $\frac{\chi^2}{df}$ herangezogen (Abschnitt 8.2.2.7). Die für das Modell M1 ermittelten Werte dieser Fit-Indizes liegen alle außerhalb der Grenzen (Tabelle 11.4), was auf eine mangelnde Passung des Modells hindeutet.

Tabelle 11.4 Überblick über die Fit-Indizes zur Beurteilung der globalen Modellgüte des Modells M1 inkl. der empfohlenen Schwellenwerte

	Wert für Modell M1	Empfohlener Schwellenwert
$\frac{\chi^2}{df}$	$\frac{708,415}{252} \approx 2,811$	$< 2,5$
CFI	$0,945$	$\geq 0,96$
$RMSEA$	$0,082$	$< 0,06$

Die Werte der Fit-Indizes liegen im näheren Umfeld der Schwellenwerte, bei welchen es sich im Wesentlichen um Richtwerte handelt. Vor dem Hintergrund, dass hier eine WLSMV-Diskrepanzfunktion genutzt wurde, welche tendenziell zu besseren Fit-Indizes führt, liegt es dennoch nahe, dass dieses Modell keine ausreichende Passung bietet.

11.1.3 Modell M1*

Für das Modell M1 wurde zur Parameterschätzung die Maximum-Likelihood-Diskrepanzfunktion herangezogen. Anhand dieser wurden 16 Modellparameter in 17 Iterationen geschätzt. Dabei handelt es sich um jeweils 8 Faktorladungen und Fehlervarianzen. Wie in Modell M1 werden in diesem Modell keine Kovarianzen geschätzt, da lediglich ein Konstrukt zugrunde gelegt wird (Abschnitt 8.2.2).

11.1.3.1 Indikatoren – Faktorladungen und Güte

In diesem Modell wurden die Ladungsgewichte mit Werten von 0,681 bis 1,037 geschätzt (Tabelle 11.5), wobei hier im arithmetischen Mittel ein Wert von 0,8256 eingenommen wird. Auffällig hierbei ist, dass hier Ladungswerte größer 1 auftreten, womit man mit einer Standardisierung der Werte begegnen kann. Die standardisierten Faktorladungen nehmen niedrigere Parameterwerte ein, die von 0,623 bis 0,858 reichen und im arithmetischen Mittel bei 0,7524 liegen.

Der Standardfehler der nichtstandardisierten Ladungsgewichte reicht von 0,048 bis zu 0,064 und erscheint nicht nur relativ niedrig, sondern auch relativ konsistent. Durch den im Vergleich zur Ladung niedrig ausfallenden Standardfehler, fallen die Werte für die critical ratio relativ hoch (mind. 11,066) und signifikant aus, was auf die Bedeutung der Indikatoren für das Modell hindeutet.

Mit Blick auf die Indikatorreliabilität sind die beiden Werte zum Normieren auffällig. Während der Indikator nrm246 mit 0,45 immerhin einen passablen Wert aufweist, der innerhalb der niedrigeren Grenze ist, so unterschreitet der Indikator

Tabelle 11.5 (un-)standardisierte Faktorladungen β_i sowie zugehörige Standardfehler, c. r.-Werte inkl. Überschreitungswahrscheinlichkeiten, Indikatorreliabilität und Item-to-Total-Correlation der Indikatoren des Modells M1* mit Hervorhebung auffälliger Werte

Faktor	Indikator	Geschätzte Faktorladung	Std. Err	c. r.	p	Std. Estimate	Indikator-reliabilität β^2	Item-to-Total-Correlation
θ_{ges}	lsn135	0,778	0,059	13,281	0,000	0,717	0,5134793	0,75
	lsn246	0,906	0,062	14,708	0,000	0,77	0,5936277	0,80
	nrm135	0,69	0,062	11,066	0,000	0,623	**0,3884691**	0,70
	nrm246	0,777	0,064	12,207	0,000	0,673	**0,4526889**	0,76
	um135	0,904	0,058	15,497	0,000	0,798	0,6373050	0,75
	um246	0,832	0,048	17,172	0,000	0,853	0,7279743	0,82
	uma135	1,037	0,06	17,339	0,000	0,858	0,7368322	0,82
	uma246	0,681	0,05	13,558	0,000	0,727	0,5290999	0,70

nrm135 mit 0,388 auch den niedrigeren Schwellenwert von 0,4. Die anderen sechs Indikatoren erklären wenigsten 50 % der Varianz, weshalb hier in jedem Falle von einer angemessenen Reliabilität der einzelnen Indikatoren gesprochen werden kann.

Die Item-to-Total-Correlation liegt für alle Indikatoren über 0,5, so dass auf Basis dieses Kriteriums kein Bedarf besteht, einzelne Indikatoren auszusortieren. Außerdem beträgt der Wert für Cronbachs Alpha 0,91, so dass die Reliabilität über die gesamte Skala ohnehin ausreichend hoch ist.

Abgesehen von einem Indikator der lediglich 38,85 % anstelle der geforderten 40 % an Varianz erklären kann, nehmen die Werte der Indikatoren mindestens akzeptable Werte ein. Daher besteht hier nur bedingt ein Grund zur Verwerfung des Modells auf Basis der Güte der Indikatoren.

11.1.3.2 Güte des Konstruktes

Die Reliabilität der latenten Variablen des Modells M1* weist einen hohen Wert von 0,914 auf (Tabelle 11.6), so dass von einer hinreichenden Zuverlässigkeit ausgegangen werden kann. Die durchschnittlich extrahierte Varianz hingegen fällt mit einem Wert von 0,573 niedriger aus. Da der Wert über dem Schwellenwert von 0,5 liegt, kann auch bezüglich dieses Kriteriums von ausreichender Güte gesprochen werden.

Tabelle 11.6 Reliabilität (Rel) und durchschnittlich extrahierte Varianz (DEV) der latenten Variable θ_{ges} des Modells M1*

	θ_{ges}
Rel_θ	0,9136761
DEV	0,5732166

Insgesamt erfüllt das Modell M1* die Anforderung der Güte an das Modell, so dass auf Basis dieser Kenngrößen kein Grund zur Ablehnung des Modells besteht.

11.1.3.3 Globale Modellgüte

Aufgrund der Abweichung zur multivariaten Normalverteilung werden die Werte des robusten Modells berichtet. Die drei Werte zur Beurteilung der globalen Güte des Modells M1* liegen außerhalb der empfohlenen Grenzen (Tabelle 11.7), was darauf hindeutet, dass dieses Modell zu verwerfen ist.

Tabelle 11.7 Überblick über die Fit-Indizes zur Beurteilung der globalen Modellgüte des Modells M1* inkl. der empfohlenen Schwellenwert

	Wert für Modell M1*	Empfohlener Schwellenwert
$\frac{\chi^2}{df}$	$\frac{317,886}{20} \approx 15,894$	$< 2,5$
CFI	$0,769$	$\geq 0,96$
$RMSEA$	$0,234$	$< 0,06$

Der Verdacht, dass die Fit-Indizes des Modells M1 zu Gunsten des Modells über- bzw. unterschätzt werden, wird durch die Werte der Variante M1* erhärtet. Denn die Werte, welche über die robuste ML-Diskrepanzfunktion entstanden, distanzierten sich weiter von den Schwellenwerten, gegenüber den über die WLSMV-Diskrepanzfunktion ermittelten Werte des Modells M1.

11.1.4 Modell M2

Im Modell M2 wurde jeweils eine Faktorladung sowie eine Fehlervarianz für jeden Indikator sowie sechs Kovarianzen der latenten Variablen mittels WLSMV-Diskrepanzfunktion (Abschnitt 8.2.2.5) geschätzt. In Summe fand eine Schätzung von 54 Parametern statt. Dies erfolgte in 29 Iterationen.

11.1.4.1 Indikatoren – Faktorladungen und Güte

Das Minimum der Faktorladungen beträgt 0,668, während das Maximum einen Wert von 0,959 (Tabelle 11.8) bei einem arithmetischen Mittelwert (unabhängig der latenten Variablen) von 0,85 aufweist. Das arithmetische Mittel der Faktorladungen, berechnet für die einzelnen latenten Variablen, nimmt Werte zwischen 0,8042 bis hin zu 0,8935 ein ($\overline{\beta}_{i\theta_{lsn}} \approx 0,8935$; $\overline{\beta}_{i\theta_{nrm}} \approx 0,8707$; $\overline{\beta}_{i\theta_{um}} \approx 0,8312$; $\overline{\beta}_{i\theta_{uma}} \approx 0,8042$; Tabelle 11.9). Insgesamt gibt es fünf Faktorladungen mit einem Wert kleiner 0,800, welche sich allesamt auf die beiden latenten Variablen θ_{um} und θ_{uma} verteilen.

Das arithmetische Mittel der Standardfehler erscheint relativ konstant für die einzelnen Faktoren mit $\overline{SE}_{i\theta_{lsn}} \approx 0,034$; $\overline{SE}_{i\theta_{nrm}} \approx 0,041$; $\overline{SE}_{i\theta_{um}} \approx 0,04$; $\overline{SE}_{i\theta_{uma}} \approx 0,041$. Da auch diese, im Vergleich zu den Faktorladungen, relativ niedrig sind, führt das auch in diesem Modell zu relativ hohen und signifikanten c. r.-Werten.

Tabelle 11.8 Faktorladungen β_i sowie zugehörige Standardfehler, c. r.-Werte inkl. Überschreitungswahrscheinlichkeiten, Indikatorreliabilität und Item-to-Total-Correlation der Indikatoren des Modells M2 mit Hervorhebung auffälliger Werte

Faktor	Indikator	Geschätzte Faktorladung	Std. Err	c. r.	p	β^2	Item-to-Total-Correlation
θ_{lsn}	lsn1	0,959	0,031	31,030	0,000	0,9188764	0,75
	lsn2	0,937	0,033	28,334	0,000	0,8778836	0,78
	lsn3	0,877	0,042	20,710	0,000	0,7683932	0,74
	lsn4	0,877	0,03	29,485	0,000	0,7684865	0,70
	lsn5	0,819	0,041	19,910	0,000	0,6712039	0,68
	lsn6	0,892	0,028	31,556	0,000	0,7955892	0,71
θ_{nrm}	nrm1	0,894	0,048	18,777	0,000	0,7992739	0,71
	nrm2	0,914	0,036	25,730	0,000	0,8353598	0,74
	nrm3	0,81	0,047	17,157	0,000	0,6557355	0,67
	nrm4	0,889	0,038	23,140	0,000	0,7911072	0,73
	nrm5	0,829	0,039	21,184	0,000	0,6868517	0,72
	nrm6	0,888	0,035	25,128	0,000	0,7877052	0,73
θ_{um}	um1	0,799	0,046	17,425	0,000	0,6381369	0,64
	um2	0,725	0,071	10,266	0,000	0,5249819	**0,35**
	um3	0,807	0,037	21,808	0,000	0,6507734	0,68
	um4	0,929	0,024	38,775	0,000	0,8635313	0,82
	um5	0,843	0,032	26,512	0,000	0,7099678	0,67
	um6	0,884	0,03	29,947	0,000	0,7808559	0,58

(Fortsetzung)

Tabelle 11.8 (Fortsetzung)

Faktor	Indikator	Geschätzte Faktorladung	Std. Err	c. r.	p	β^2	Item-to-Total-Correlation
θ_{uma}	uma1	0,772	0,047	16,481	0,000	0,5964464	0,60
	uma2	0,691	0,06	11,487	0,000	**0,4774904**	**0,50**
	uma3	0,925	0,024	39,175	0,000	0,8564355	0,78
	uma4	0,668	0,056	11,861	0,000	**0,4458845**	**0,49**
	uma5	0,892	0,028	31,989	0,000	0,7961402	0,72
	uma6	0,877	0,03	29,674	0,000	0,7696536	0,58

Die Reliabilitäten der Indikatoren reichen von 0,45 bis 0,92 (Tabelle 11.8).
Daher erfüllen alle das Kriterium mindestens 40 % der Varianz erklären zu können, wobei lediglich zwei Indikatoren (uma2 und uma4) den höher angesetzten
Schwellenwert von 0,5 unterschreiten. Ebendiese Indikatoren sind auch auffällig hinsichtlich der Item-to-Total-Korrelation, da diese genau auf oder knapp
unter dem Schwellenwert von 0,5 liegen. In diesem Kontext wird ein dritter
Indikator auffällig, nämlich um2 welcher nur einen Wert von 0,35 aufweist.
Da die Werte für Cronbachs Alpha der jeweiligen latenten Variablen über 0,7
liegen (Tabelle 11.9), besteht keine Notwendigkeit die auffälligen Indikatoren
auszusortieren.

Tabelle 11.9 Cronbachs α und arithmetisches Mittel der Faktorladungen über die latenten
Variablen des Modells M2 hinweg

	θ_{lsn}	θ_{nrm}	θ_{um}	θ_{uma}
α	0,8697957	0,8679368	0,8045590	0,7880548
$\overline{\beta_i}$	0,8935	0,8707	0,8312	0,8042

Insgesamt besteht kein Grund das Modell auf Basis der Güte der Indikatoren
zu verwerfen. Zwar erscheinen einzelne Indikatoren auffällig, jedoch scheint hier
zunächst kein Handlungsbedarf, da sie entweder weiterhin innerhalb der Grenzen
liegen oder eine übergeordnete Kenngröße mindestens einen akzeptablen Wert
einnimmt.

11.1.4.2 Konstrukte – Kovarianzen und Güte

Die geschätzten Kovarianzen im Modell M2 reichen von 0,67 bis 1,018
(Tabelle 11.10). Die beiden niedrigsten Kovarianzen treten zwischen dem Faktor
zum Normieren und jeweils den beiden Faktoren zum Umstellen ($COV_{\theta_{nrm},\theta_{um}} =$
$0,638$; $COV_{\theta_{nrm},\theta_{um}} = 0,673$) auf. Auffällig ist die Kovarianz zwischen den beiden Faktoren zum Umstellen, da sie einen Wert größer 1 einnimmt. Kovarianzen
zwischen den latenten Variablen können zum Zwecke der Interpretation als Korrelationen gedeutet werden. Da Korrelationen im Allgemeinen nur Werte zwischen
-1 und 1 einnehmen ist eine Interpretation hier jedoch nur bedingt möglich.
Es deutet sich hier eine Fehlspezifikation des Modells an, auf welche bei der
Modellschätzung durch das Paket lavaan hingewiesen wird.

Die Standardfehler nehmen Werte von 0,018 bis hin zu 0,051 ein
(Tabelle 11.10) und fallen somit im Verhältnis zur geschätzten Kovarianz recht
niedrig aus, was auf Signifikanz hinweist. Diese werden hier allesamt mit $p <$
$0,001$ angegeben.

Tabelle 11.10 geschätzte Kovarianzen sowie deren Quadrate, Standardfehler, c. r.-Werte inkl. Überschreitungswahrscheinlichkeiten der latenten Variablen des Modells M2

Faktoren	Geschätzte Kovarianz	Std. Err	c. r.	p	Quadrat der geschätzten Kovarianz
$COV_{\theta_{lsn},\theta_{nrm}}$	0,831	0,037	22,744	0,000	0,691
$COV_{\theta_{lsn},\theta_{um}}$	0,800	0,041	19,450	0,000	0,640
$COV_{\theta_{lsn},\theta_{uma}}$	0,835	0,035	23,719	0,000	0,698
$COV_{\theta_{nrm},\theta_{um}}$	0,638	0,051	12,407	0,000	0,407
$COV_{\theta_{nrm},\theta_{uma}}$	0,673	0,051	13,217	0,000	0,452
$COV_{\theta_{um},\theta_{uma}}$	1,018	0,018	56,116	0,000	1,036

Zur Beurteilung der Konstrukte, sollten die Reliabilitäten der latenten Variablen jeweils über 0,5 liegen, was im gegebenen Modell M2 in jedem Falle zutrifft (Tabelle 11.11). Zudem sollte das Fornell/Larcker-Kriterium erfüllt sein. Die durchschnittliche extrahierte Varianz DEV der latenten Variablen θ_{lsn} und θ_{nrm} sind größer als alle quadrierten Kovarianzen, an welchen sie beteiligt sind. Die beiden Variablen θ_{um} und θ_{uma} erfüllen das Kriterium nicht in jedem Fall. Weiterhin auffällig ist in Folge der Kovarianz $COV^2_{\theta_{um},\theta_{uma}} > 1$, dass auch hier das entsprechende Quadrat größer ist. Zudem ist $DEV_{\theta_{uma}} < COV^2_{\theta_{lsn},\theta_{uma}}$. In den anderen Fällen ist die Forderung jedoch erfüllt.

Tabelle 11.11 Reliabilität (Rel) und durchschnittlich extrahierte Varianz (DEV) der latenten Variable des Modells M2

	θ_{lsn}	θ_{nrm}	θ_{um}	θ_{uma}
Rel_θ	0,95999507	0,94977395	0,9314758	0,91871149
DEV	0,8000721	0,7593389	0,6947079	0,6570084

Die Konstrukte des Modells M2 erfüllen die Anforderungen an die Güte hinsichtlich der durchschnittlich extrahierten Varianz sowie der Reliabilitäten. Allerdings wird die Diskriminanzvalidität, gemessen am Fornell/Larcker-Kriterium, von den zwei der vier latenten Variablen nicht erfüllt. Dies steht im Zusammenhang mit der zuvor angedeuteten Fehlspezifikation des Modells, erkennbar an der Kovarianz mit einem Wert größer eins, und legt eine die Ablehnung des Modells nahe.

11.1.4.3 Globale Modellgüte

Die Werte der Indizes zur Beurteilung der globalen Modellgüte des Modells M2 liegen jeweils innerhalb der empfohlenen Grenzen (Tabelle 11.12), was auf eine ausreichende Passung des geschätzten Modells zu den empirischen Daten deutet.

Tabelle 11.12 Überblick über die Fit-Indizes zur Beurteilung der globalen Modellgüte des Modells M2 inkl. der empfohlenen Schwellenwerte

	Wert für Modell M2	Empfohlener Schwellenwert
$\frac{\chi^2}{df}$	$\frac{330{,}494}{246} \approx 1{,}343$	$< 2{,}5$
CFI	$0{,}990$	$\geq 0{,}96$
$RMSEA$	$0{,}036$	$< 0{,}06$

Da die Werte der Parameter des Modells über die WLSMV-Diskrepanzfunktion geschätzt wurden, sind die Indizes und die globale Modellgüte kritisch zu sehen, da die Schätzfunktion dazu führt, dass die Werte tendenziell zu Gunsten des Modells über- bzw. unterschätzt werden.

11.1.5 Modell M2*

Im Vergleich zu Modell M2 bleibt die Anzahl der geschätzten Kovarianzen im Modell M2* mit sechs gleich. Die Anzahl der Steigungsparameter und Fehlervarianzen hingegen reduziert sich auf 16, da das Modell M2* acht Indikatorvariablen (gegenüber der 24 in Modell M2) beinhaltet. In Summe wurden daher 22 Parameter geschätzt. Dies erfolgte in 36 Iterationen mittels Maximum-Likelihood-Diskrepanzfunktion.

11.1.5.1 Indikatoren – Faktorladungen und Güte

Die nichtstandardisierten Faktorladungen im Modell M2* nehmen Werte von 0,691 bis 1,089 ein (Tabelle 11.13). Die standardisierten Werte der Faktorladungen hingegen reichen von 0,738 bis 0,943. Das arithmetische Mittel der Faktorladungen liegt in der nichtstandardisierten Variante bei 0,946, während es im anderen Fall bei 0,860 liegt.

Tabelle 11.13 (un-)standardisierte Faktorladungen β_i sowie zugehörige Standardfehler, c. r.-Werte inkl. Überschreitungswahrscheinlichkeiten, Indikatorreliabilität und Item-to-Total-Correlation der Indikatoren des Modells M2*

Faktor	Indikator	Geschätzte Faktorladung	Std. Err	c. r.	p	Std. Est.	Std. β^2	Item-to-Total-Correlation
θ_{lsn}	lsn135	0,905	0,056	16,157	0,000	0,834	0,6950211	0,81
	lsn246	1,055	0,059	17,942	0,000	0,897	0,8047594	0,81
θ_{nrm}	nrm135	0,942	0,057	16,451	0,000	0,851	0,7239936	0,85
	nrm246	1,089	0,057	19,080	0,000	0,943	0,8894351	0,85
θ_{um}	um135	0,953	0,057	16,740	0,000	0,842	0,7089773	0,81
	um246	0,872	0,048	18,352	0,000	0,895	0,8012257	0,81
θ_{uma}	uma135	1,058	0,061	17,413	0,000	0,876	0,7676215	0,73
	uma246	0,691	0,05	13,787	0,000	0,738	0,5450566	0,73

Das Minimum der critical ratio liegt bei 13,787 und somit über dem Schwellenwert von 1,96, was auf die niedrigen Standardfehler des Modells (im Mittel 0,056) zurückzuführen ist. Daher sind auch in diesem Modell sämtliche Faktorladungen signifikant und werden mit $p < 0{,}001$ ausgewiesen.

Tabelle 11.14 Cronbachs Alpha für die einzelnen latenten Variablen des Modells M2*

	θ_{lsn}	θ_{nrm}	θ_{um}	θ_{uma}
α	0,8541916	0,8899562	0,8540702	0,7702403

Die Kenngrößen für die Indikatorreliabilität sowie für die Item-to-Total-Correlation liegen jeweils über 0,5, so dass hier von ausreichender Güte auszugehen ist. Auch die Werte für die interne Konsistenz, die sich mittels Cronbachs Alpha bestimmen lässt, liegen jeweils über dem Schwellenwert von 0,7 (Tabelle 11.14).

Die Anforderungen an die Indikatoren werden in diesem Modell M2* allesamt erfüllt, so dass kein Grund zur Ablehnung des Modells auf Basis der hier diskutierten Kenngrößen besteht.

11.1.5.2 Konstrukte – Kovarianzen und Güte

Die Kovarianzen zwischen den unterschiedlichen latenten Variablen weisen Werte von 0,568 bis 1,007 auf (Tabelle 11.15). Dabei fallen jene Kovarianzen, an welchen der Faktor θ_{lsn} beteiligt ist, höher aus, als jene an welchen der Faktor θ_{nrm} beteiligt ist. Die Kovarianz zwischen den beiden Faktoren θ_{um} und θ_{uma} weist einen Wert größer als 1 auf, was auf eine Fehlspezifikation hinweist, auf welche auch von der Statistiksoftware (lavaan in R) hingewiesen wird. Erklärt werden kann dies dadurch, dass Korrelationen (in diesem Fall können Kovarianzen als Korrelationen interpretiert werden) größer 1 im Allgemeinen nicht definiert sind und inhaltlich kaum interpretierbar sind.

Die Werte der Standardfehler liegen zwischen 0,022 und 0,049 (Tabelle 11.15). Diese, im Verhältnis zu den Kovarianzen, relativ kleinen Standardfehler deuten auf hohe Signifikanzen von $p < 0{,}001$ hin.

Die Reliabilitäten der einzelnen Faktoren erfüllen jeweils den Anspruch einen größeren Wert als 0,5 einzunehmen (Tabelle 11.16), so dass diese im Rahmen dieses Modell als angemessen angesehen werden kann.

Auch die durchschnittlich extrahierte Varianz DEV der jeweiligen Faktoren ist größer als 0,5 (Tabelle 11.16) und erfüllt somit die empfohlenen Anforderungen zur Modellgüte.

Tabelle 11.15 geschätzte Kovarianzen sowie deren Quadrate, Standardfehler, c. r.-Werte inkl. Überschreitungswahrscheinlichkeiten der latenten Variablen des Modells M2*

Faktoren	Geschätzte Kovarianz	Std. Err	c.r.	p	Quadrat der geschätzten Kovarianz
$COV_{\theta_{lsn},\theta_{nrm}}$	0,782	0,034	23,208	0,000	0,611
$COV_{\theta_{lsn},\theta_{um}}$	0,724	0,040	18,179	0,000	0,524
$COV_{\theta_{lsn},\theta_{uma}}$	0,779	0,038	20,305	0,000	0,607
$COV_{\theta_{nrm},\theta_{um}}$	0,568	0,049	11,469	0,000	0,322
$COV_{\theta_{nrm},\theta_{uma}}$	0,606	0,049	12,276	0,000	0,367
$COV_{\theta_{um},\theta_{uma}}$	1,007	0,022	46,513	0,000	1,015

Das Fornell/Larcker-Kriterium ist mit einer Ausnahme ebenfalls erfüllt. Die quadrierte Kovarianz $COV_{\theta_{um},\theta_{uma}}$ liegt wie zuvor beschrieben über 1 und somit auch dessen Quadrat, welches über den DEV der beiden latenten Variablen θ_{um} und θ_{uma} liegt.

Tabelle 11.16 Reliabilität (Rel) und durchschnittlich extrahierte Varianz (DEV) der latenten Variable des Modells M2*

	θ_{lsn}	θ_{nrm}	θ_{um}	θ_{uma}
Rel_{θ}	0,85703462	0,89277351	0,86028348	0,79107652
DEV	0,7542711	0,8102451	0,7482410	0,6841347

Ähnlich wie das Modell M2 erfüllt auch die Variante M2* nahezu alle Anforderungen an die Güte der Konstrukte. Eine Kovarianz mit einem größeren Wert als 1 deutet nicht nur die Fehlspezifikation an, sondern führt auch zur Nicht-Erfüllung des Fornell/Larcker-Kriteriums zweier latenter Variablen.

11.1.5.3 Globale Modellgüte

Die Werte der Fit-Indizes CFI, RMSEA sowie $\frac{\chi^2}{df}$ (Abschnitt 8.2.2.7) liegen jeweils innerhalb der Grenzen (Tabelle 11.17).

Die Indizes des Modells 2* und des Modells 2 liegen in einer ähnlichen Größenordnung. Dies deutet darauf hin, dass beide Modelle, auch bei einer möglichen Über- bzw. Unterschätzung durch die WLSMV-Diskrepanzfunktion, die Gültigkeit auf globaler Ebene behalten.

Tabelle 11.17 Überblick über die Fit-Indizes zur Beurteilung der globalen Modellgüte des Modells M2* inkl. der empfohlenen Schwellenwerte

	Wert für Modell M2*	Empfohlener Schwellenwert
$\frac{\chi^2}{df}$	$\frac{19,337}{14} \approx 1,381$	$< 2,5$
CFI	0,996	$\geq 0,96$
$RMSEA$	0,038	$< 0,06$

11.1.6 Modell M3

Die Näherung der 51 Modellparameter erfolgte auf Basis von 23 Iterationen mittels WLSMV-Diskrepanzfunktion. Die Parameter setzen sich aus jeweils 24 Faktorladungen und Fehlervarianzen sowie 3 Kovarianzen zusammen (Abschnitt 8.2.2).

11.1.6.1 Indikatoren – Faktorladungen und Güte

Die 24 Faktorladungen des Modells M3 erstrecken sich von 0,676 bis 0,959 (Tabelle 11.18) und bilden ein arithmetisches Mittel von 0,852 bei einem Median von 0,88, wobei hier keine Unterscheidung zwischen standardisierten und nicht-standardisierten Ladungen notwendig ist. Dabei liegen die Minima von θ_{lsn} und θ_{nrm} mit 0,810 bzw. 0,819 über dem Minimum des dritten Faktors θ_{umges}, welches 0,676 beträgt. Die Faktorladungen der Hälfte der Indikatoren von θ_{umges} liegen unter dem Minimum der anderen beiden Faktoren.

Der Standardfehler nimmt einen relativ niedrigen höchsten Wert von 0,07 ein (Tabelle 11.18), was wiederum zu hohen und signifikanten critical ratio Werten führt, so dass auch hier davon auszugehen ist, dass die Indikatoren einen gewichtigen Beitrag zum Modell leisten.

Das Minimum der Indikatorreliabilität liegt bei 0,46 (uma4) (Tabelle 11.18). Daneben liegt nur der Wert eines weiteren Indikators unter 0,5 – der des Indikators uma2. Sie liegen dennoch innerhalb des Schwellenwertes von 0,4. Alle anderen 22 Indikatoren erklären mindestens eine Varianz von 50 %, so dass sie auch den höheren Schwellenwert von 0,5 überschreiten.

Das hinsichtlich der Indikatorreliabilität auffällige Item uma2 ist neben dem Item um2 auch mit Blick auf die Item-to-Total-Correlation auffällig, da diese einen Wert aufweisen, der niedriger als 0,5 ist. Jedoch liegen die Werte zur Beschreibung der internen Konsistenz mit mindestens 0,86 (Tabelle 11.19) über dem Richtwert von 0,7, so dass kein Grund zur Modifikation des Modells besteht.

Tabelle 11.18 Faktorladungen β_i sowie zugehörige Standardfehler, c. r.-Werte inkl. Überschreitungswahrscheinlichkeiten, Indikatorreliabilität und Item-to-Total-Correlation der Indikatoren des Modells M3 mit Hervorhebung auffälliger Werte

Faktor	Indikator	Geschätzte Faktorladung	Std. Err	c. r.	p	β^2	Item-to-Total-Correlation
θ_{lsn}	lsn1	0,959	0,031	31,041	0,000	0,9189425	0,75
	lsn2	0,937	0,033	28,324	0,000	0,8780402	0,78
	lsn3	0,877	0,042	20,706	0,000	0,7683561	0,74
	lsn4	0,877	0,030	29,472	0,000	0,7685354	0,70
	lsn5	0,819	0,041	19,916	0,000	0,6709512	0,68
	lsn6	0,892	0,028	31,547	0,000	0,7954954	0,71
θ_{nrm}	nrm1	0,894	0,048	18,773	0,000	0,7993734	0,71
	nrm2	0,914	0,036	25,728	0,000	0,8352810	0,74
	nrm3	0,810	0,047	17,155	0,000	0,6557197	0,67
	nrm4	0,889	0,038	23,130	0,000	0,7910922	0,73
	nrm5	0,829	0,039	21,188	0,000	0,6868420	0,72
	nrm6	0,888	0,035	25,136	0,000	0,7877284	0,73
θ_{umges}	um1	0,796	0,046	17,165	0,000	0,6338660	0,65
	um2	**0,721**	**0,07**	**10,282**	**0,000**	**0,5199641**	**0,40**
	um3	0,805	0,037	21,723	0,000	0,6473783	0,66
	um4	0,928	0,024	38,344	0,000	0,8613079	0,80
	um5	0,841	0,031	26,772	0,000	0,7069898	0,67
	um6	0,883	0,027	32,602	0,000	0,7795885	0,68

(Fortsetzung)

Tabelle 11.18 (Fortsetzung)

Faktor	Indikator	Geschätzte Faktorladung	Std. Err	c. r.	p	β^2	Item-to-Total-Correlation
	uma1	0,783	0,047	16,641	0,000	0,6130978	0,64
	uma2	**0,700**	**0,061**	**11,439**	**0,000**	**0,4899602**	**0,48**
	uma3	0,937	0,023	41,040	0,000	0,8788887	0,79
	uma4	**0,676**	**0,056**	**11,998**	**0,000**	**0,4572840**	**0,52**
	uma5	0,903	0,027	33,789	0,000	0,8154365	0,73
	uma6	0,889	0,028	31,615	0,000	0,7900859	0,62

Tabelle 11.19 Cronbachs α und arithmetisches Mittel der Faktorladungen über die latenten Variablen des Modells M3 hinweg

	θ_{lsn}	θ_{nrm}	θ_{umges}
α	0,8697957	0,8679368	0,8910570
$\overline{\beta_i}$	0,8935	0,8707	0,8218

Die Anforderung der Güte an die Indikatoren des Modells M3 gelten gemäß der hier aufgeführten Kenngrößen als erfüllt. Lediglich zwei Indikatoren weisen eine zu niedrige Korrelation zur restlichen Skala auf, was aber unproblematisch erscheint, da die Reliabilität der jeweiligen Skala im gesamten ausreichend hoch ausfällt. Daher besteht kein Grund auf Basis dieser Größen das Modell zu verwerfen.

11.1.6.2 Konstrukte – Kovarianzen und Güte

Die Kovarianzen an welchen der Faktor zum Lösen θ_{lsn} beteiligt ist fallen mit 0,814 und 0,831 relativ hoch aus (Tabelle 11.20). Im Gegensatz hierzu beträgt die Kovarianz $COV_{\theta_{nrm},\theta_{umges}}$ einen Wert von ca. 0,652, der relativ niedrig erscheint.

Tabelle 11.20 geschätzte Kovarianzen sowie deren Quadrate, Standardfehler, c. r.-Werte inkl. Überschreitungswahrscheinlichkeiten der latenten Variablen des Modells M3

Faktoren	Geschätzte Kovarianz	Std. Err	c. r.	p	Quadrat der geschätzten Kovarianz
$COV_{\theta_{lsn},\theta_{nrm}}$	0,831	0,037	22,744	0,000	0,691
$COV_{\theta_{lsn},\theta_{umges}}$	0,814	0,035	23,217	0,000	0,662
$COV_{\theta_{nrm},\theta_{umges}}$	0,652	0,047	13,738	0,000	0,425

Auch hier fallen die Standardfehler mit Werten von 0,035 bis 0,047 (Tabelle 11.20) relativ niedrig aus, so dass von signifikanten Beziehungen ausgegangen werden kann.

Die latenten Variablen weisen mindestens einen Reliabilitätswert von ca. 0,95 auf (Tabelle 11.21) und liegen somit über den zuvor genannten Anforderungen. Daher kann von einer ausreichenden Reliabilität der Konstrukte ausgegangen werden.

Der minimale Wert für die durchschnittlich extrahierte Varianz der drei Faktoren liegt bei 0,68 (Tabelle 11.21), so dass auch hier der Schwellenwert von 0,5 überschritten wird, weshalb davon ausgegangen werden kann, dass die Faktoren ausreichend viel Varianz erklären.

Anders als bei den zuvor vorgestellten Modellen wird in diesem Modell auch das Fornell/Larcker-Kriterium vollständig erfüllt, da die jeweiligen Werte für die durchschnittlich extrahierte Varianz eines Faktors θ über den Quadraten der Varianz liegen, an welchen der jeweilige Faktor θ beteiligt ist.

Tabelle 11.21 Reliabilität (Rel) und durchschnittlich extrahierte Varianz (DEV) der latenten Variable des Modells M3

	θ_{lsn}	θ_{nrm}	θ_{umges}
Rel_θ	0,95999507	0,94977395	0,96233537
DEV	0,8000535	0,7593395	0,6828206

Da die Schwellenwerte der Reliabilität und der durchschnittlich extrahierten Varianz allesamt überschritten werden und auch die Diskriminanzvalidität anhand des Fornell/Larcker-Kriteriums nachgewiesen werden konnte, sind die Anforderungen an das Modell auf Konstruktebene erfüllt.

11.1.6.3 Globale Modellgüte

Auch im Modell M3, liegen die drei untersuchten Werte zur Beurteilung der globalen Modellgüte innerhalb der Schwellenwerte (Tabelle 11.22). Daher besteht kein Grund zur Ablehnung des Modells hinsichtlich der globalen Güte.

Tabelle 11.22 Überblick über die Fit-Indizes zur Beurteilung der globalen Modellgüte des Modells M3 inkl. der empfohlenen Schwellenwerte

	Wert für Modell M3	Empfohlener Schwellenwert
$\frac{\chi^2}{df}$	$\frac{333,051}{249} \approx 1,338$	$< 2,5$
CFI	0,990	$\geq 0,96$
$RMSEA$	0,035	$< 0,06$

Dennoch ist auch hier Vorsicht walten zu lassen, da die Indizes potenziell über- bzw. unterschätzt werden, so dass sie auf Basis der WLSMV-Diskrepanzfunktion zu gut ausfallen.

11.1.7 Modell M3*

Für jede der acht Indikatorvariablen wurde jeweils eine Faktorladung sowie eine Fehlervarianz geschätzt. Da das Modell drei latente Variablen beinhaltet, werden zudem drei Kovarianzen ermittelt. Die Schätzung dieser 19 Parameter erfolgte in 29 Iterationen mittels Maximum-Likelihood-Diskrepanzfunktion (vgl. Abschnitt 8.2.2).

11.1.7.1 Indikatoren – Faktorladungen und Güte

Die nichtstandardisierten Schätzwerte der Faktorladungen liegen im arithmetischen Mittel bei 0,945 und nehmen Werte zwischen 0,696 und 1,089 ein (Tabelle 11.23). Die standardisierten Parameterwerte hingegen haben hier Minimum bei 0,744 und ein Maximum von 0,943, während das arithmetische Mittel bei 0,861 liegt.

Die Standardfehler liegen relativ dicht beieinander und nehmen Werte von 0,047 bis 0,059 an (arithmetisches Mittel: 0,055) (Tabelle 11.23). Den niedrigsten c. r.-Wert von 13,981 nimmt der letzte Indikator ein, nämlich jener mit der niedrigsten Faktorladung. Da diese Kenngröße auch größer als 1,96 ist erscheinen auch hier alle Faktorladungen signifikant.

Die Kenngrößen für die Reliabilität der einzelnen Indikatoren sowie der Item-to-Total-Correlation liegen allesamt über 0,5 (Tabelle 11.23) und erfüllen die entsprechenden Anforderungen. Am auffälligsten ist der Indikator uma246, der eine Reliabilität von 0,55 aufweist, während alle anderen Indikatoren einen Wert von mindestens 0,69 einnehmen. Auch die Item-to-Total-Correlation liegt für diesen Indikator mit 0,74 niedriger als die der anderen Indikatoren, die mindestens einen Wert von 0,81 aufweisen.

Die Güte der internen Konsistenz des Modells M3* ist ebenfalls gegeben, da der minimale Wert mit 0,85 (Tabelle 11.24) über dem Schwellenwert von 0,7 liegt. Somit sind alle Anforderungen an die Güte der Indikatoren erfüllt, so dass auf dieser Ebene kein Grund zum Verwerfen des Modells besteht.

Tabelle 11.23 (un-)standardisierte Faktorladungen β_i sowie zugehörige Standardfehler, c. r.-Werte inkl. Überschreitungswahrscheinlichkeiten, Indikatorreliabilität und Item-to-Total-Correlation der Indikatoren des Modells M3*

Faktor	Indikator	Geschätzte Faktorladung	Std, Err	c. r.	p	Std. Est.	Std. β^2	Item-to-Total-Correlation
θ_{lsn}	lsn135	0,907	0,056	16,183	0,000	0,835	0,6969499	0,81
	lsn246	1,054	0,059	17,898	0,000	0,896	0,8025322	0,81
θ_{nrm}	nrm135	0,942	0,057	16,459	0,000	0,851	0,7244765	0,85
	nrm246	1,089	0,057	19,071	0,000	0,943	0,8888424	0,85
θ_{umges}	um135	0,951	0,057	16,732	0,000	0,84	0,7057820	0,83
	um246	0,868	0,047	18,360	0,000	0,89	0,7929383	0,88
	uma135	1,071	0,059	18,219	0,000	0,886	0,7855308	0,86
	uma246	0,696	0,05	13,981	0,000	0,744	0,5536897	0,74

Tabelle 11.24 Cronbachs Alpha für die einzelnen latenten Variablen des Modells M3*

	θ_{lsn}	θ_{nrm}	θ_{umges}
α	0,8541916	0,8899562	0,9021750

11.1.7.2 Konstrukte – Kovarianzen und Güte

Die geschätzten Kovarianzen im Modell M3* reichen von 0,583 bis zu 0,782 (Tabelle 11.25). Dabei fällt die Kovarianz $COV_{\theta_{nrm},\theta_{umges}}$ mit 0,583 relativ niedrig aus im Vergleich zu den anderen beiden Werten.

Tabelle 11.25 geschätzte Kovarianzen sowie deren Quadrate, Standardfehler, c. r.-Werte inkl. Überschreitungswahrscheinlichkeiten der latenten Variablen des Modells M3*

Faktoren	Geschätzte Kovarianz	Std. Err	c. r.	p	Quadrat der geschätzten Kovarianz
$COV_{\theta_{lsn},\theta_{nrm}}$	0,782	0,034	23,243	0,000	0,612
$COV_{\theta_{lsn},\theta_{umges}}$	0,747	0,035	21,088	0,000	0,558
$COV_{\theta_{nrm},\theta_{umges}}$	0,583	0,046	12,575	0,000	0,339

Wie in den vorigen Modellen ist auch hier der Standardfehler relativ gering, was zu hohen c. r.-Werten führt, wodurch auf signifikante Beziehungen hingedeutet wird.

Den kleinsten Wert für die Faktorreliabilität weist die Variable θ_{lsn} mit 0,857 auf (Tabelle 11.26). Jedoch liegt dieser über dem Schwellenwert von 0,5, weshalb von einer ausreichenden Reliabilität der Faktoren ausgegangen werden kann.

Im Schnitt erklärt der Faktor θ_{umges} die geringste Varianz, mit einem Wert 0,720 (Tabelle 11.26). Da auch dieser oberhalb des empfohlenen Richtwertes von 0,5 liegt, ist gezeigt, dass alle drei Faktoren ausreichend viel Varianz erklären.

Die Diskriminanzvalidität kann ebenfalls als erfüllt angesehen werden, da das größte Quadrat der Kovarianzen 0,612 beträgt und unter dem geringsten Wert für DEV liegt.

Tabelle 11.26 Reliabilität (Rel) und durchschnittlich extrahierte Varianz (DEV) der latenten Variable des Modells M3*

	θ_{lsn}	θ_{nrm}	θ_{umges}
Rel_{θ}	0,85700422	0,89277351	0,90654994
DEV	0,7539560	0,8101673	0,7202199

Die Prüfung der Konstrukte des Modells M3* hinsichtlich der Güte gibt keinen Grund zur Verwerfung des Modells, da alle Kriterien erfüllt werden.

11.1.7.3 Globale Modellgüte

In dieser Variante M3* des Modells M3 liegen die Kennwerte zur Beurteilung der globalen Modellgüte innerhalb der empfohlenen Grenzen (Tabelle 11.27). Daher besteht auf Basis dieser Indizes kein Grund zur Ablehnung des Modells.

Im Vergleich zu den Fit-Indizes des Modells M3 sind die von M3* eher besser geworden, was tendenziell gegen die These spricht, dass die Werte durch die WLSMV-Diskrepanzfunktion zu gut ausfallen. Dennoch darf nicht vergessen werden, dass sich die Modelle unterscheiden, wenngleich sie final das gleiche beschreiben.

Tabelle 11.27 Überblick über die Fit-Indizes zur Beurteilung der globalen Modellgüte des Modells M3* inkl. der empfohlenen Schwellenwerte

	Wert für Modell M3*	Empfohlener Schwellenwert
$\frac{\chi^2}{df}$	$\frac{21{,}702}{17} \approx 1{,}277$	$< 2{,}5$
CFI	$0{,}996$	$\geq 0{,}96$
$RMSEA$	$0{,}032$	$< 0{,}06$

11.1.8 Modellgüte im Überblick und Vergleich der Modellvarianten

Die Kennwerte zur Beurteilung der Güte der einzelnen Modelle wurden für die einzelnen Modelle im Detail dargestellt und werden in der nachfolgenden Tabelle 11.28 nochmals zusammenfassend verkürzt dargestellt.

Die Stammmodelle M1, M2 und M3 basieren auf dichotomen Daten (Abschnitt 8.2.2, Kapitel 10), die es erfordern auf eine WLSMV-Diskrepanzfunktion auszuweichen. Da die Empfehlungen für Schwellenwerte im Allgemeinen für die ML-Diskrepanzfunktion angegeben werden und die WLSMV-Diskrepanzfunktion dazu neigt, die Werte zugunsten des Modells zu über- bzw. unterschätzen, wurden die alternativen Modelle M1*, M2* und M3* aufgestellt. Den manifesten Variablen liegen zwar weiterhin diskrete Werte zugrunde (weshalb eher auf eine WLSMV-Diskrepanzfunktion zurückzugreifen wäre), jedoch liegen metrische Daten vor, so dass die ML-Diskrepanzfunktion zumindest angewendet werden kann. Anhand dieses Vorgehens wird geprüft,

Tabelle 11.28 zusammenfassender Überblick über Kenngrößen zur Beurteilung der Güte der Modelle, ** Verletzungen der Gütekriterien

	Kriterium	Empfehlung	M1 1 Faktor	M1* 1 Faktor	M2 4 Faktoren	M2* 4 Faktoren	M3 3 Faktoren	M3* 3 Faktoren
Global	X^2/df	$\leq 2{,}5$	2,811**	15,894**	1,343	1,381	1,338	1,277
	CFI	$> 0{,}96$	0,945**	0,769**	0,990	0,996	0,990	0,996
	RMSEA	$< 0{,}06$	0,082**	0,234**	0,036	0,038	0,035	0,032.
Konstrukt	Rel_θ	$> 0{,}5$	0,98	0,91	min. 0,91	min. 0,79	min. 0,94	min. 0,85
	DEV	$\geq 0{,}5$	0,64	0,57	min. 0,65	min. 0,68	min. 0,68	min. 0,72
	Fornell/Larcker	$DEV > Cov^2$	/	/	teilweise erfüllt**	teilweise erfüllt**	erfüllt	erfüllt
Indikator	c.r.	$> 1{,}96$	min. 9,8	min. 11,0	min. 10,2	min. 13,7	min. 10,2	min. 13,9
	Indikator-reliabilität	$> 0{,}4$	min. 0,401	min. 0,38**	min. 0,44	min. 0,54	min. 0,45	min. 0,55
	Item-to-Total-Correlation	$> 0{,}5$	min. 0,46**	min. 0,7	min. 0,35**	min. 0,73	min. 0,4**	min. 0,74
	α	$\geq 0{,}7$	0,93	0,91	min. 0,78	min. 0,77	min. 0,86	min. 0,85

ob es zum fälschlichen Annehmen oder Ablehnen von Modellen auf Basis der Schwellenwerten auf Grund der Diskrepanzfunktion kommt. Daher werden an dieser Stelle die Modelle gegenübergestellt und verglichen. **Globale Güte.** Auf Ebene der globalen Beurteilung der Güte gibt es sowohl Verbesserungen als auch Verschlechterungen im Vergleich zwischen den auf dichotomen Daten basierenden Modellen und den alternativen Modellen (Tabelle 11.28). Die Fitindizes des Modells M1* fallen im Vergleich zu M1 allesamt schlechter aus, was darauf hindeutet, dass Modell M1 hinsichtlich seiner Güte überschätzt wurde. Allerdings liegen die Parameter zur Beurteilung der globalen Güte bei beiden Modellen außerhalb der Schwellen.

Die Werte von M2 und M3 im Vergleich zu den Varianten M2* und M3* liegen in ähnlichen Größenordnungen. Der Wert des CFI liegt in den Modellen M2* und M3* jeweils über dem von M2 und M3, so dass hier eine höhere Modellgüte angezeigt wird. Die Größen für χ^2/df sowie RMSEA verschlechtern sich im Übergang von M2 zu M2*, während sich dies Modell M3 zu M3* gegenteilig verhält. Auch hier ändert dies jedoch nichts an Über- oder Unterschreitung der Schwellenwerte.

Insgesamt lässt sich festhalten, dass sich das Verhältnis der Fit-Indizes zwischen einem Stammmodell MX und seinem alternativen Model MX* nicht einheitlich verhält. Allerdings sind sie dahingehend konsistent, als dass es zu keinen Änderungen in der Über- oder Unterschreitung von Schwellenwerten führt.

Güte der Konstrukte. Hinsichtlich der Gütekriterien auf Konstruktebene zeichnet sich ebenfalls kein einheitliches Bild ab. Der Wert zur Beschreibung der Faktorreliabilität der alternativen Modelle liegt jeweils unter denen der Stammmodelle (Tabelle 11.28), aber immer noch über dem Schwellenwert von 0,5. Die Differenzen zwischen den Vergleichsmodellen liegen zwischen 0,7 und 0,12.

Die minimale durchschnittlich extrahierte Varianz nimmt zwischen den Modellen M2 zu M2* sowie M3 zu M3* zu, während sie zwischen M1 zu M1* abnimmt. Die Differenzen belaufen sich dabei auf 0,03 bis 0,04 und führen zu keinen nennenswerten Änderungen hinsichtlich der Beurteilung der Güte.

Eine tendenziell niedrigere Schätzung der Kovarianzen in den alternativen Modellen sowie eine eher höher geschätzte durchschnittlich extrahierte Varianz führt dazu, dass in Modell M2* die Anzahl der Fälle, die das Fornell/Larcker-Kriterium nicht erfüllen um eins niedriger ausfällt als in dem Stammmodell M2. Die Modelle M3 und M3* erfüllen das Kriterium zur Beurteilung der Diskriminanzvalidität hingegen vollständig. Ein Vergleich zwischen den Modellen M1 und M1* ist an dieser Stelle auf Grund mangelnder Kovarianz nicht durchführbar.

Güte der Indikatoren. Die critical ratio der alternativen Modelle liegt jeweils über jenen der Stammmodelle (Tabelle 11.28), was nicht auf eine Überschätzung durch die Diskrepanzfunktion hindeutet.

Die Indikatorreliabilität verschlechtert sich lediglich im Übergang von M1 zu M1*, was zur Folge hat, dass der Schwellenwert von 0,4 mindestens einmal unterschritten wird und eine Verletzung der Güte anzeigt. In den anderen Fällen steigt die Indikatorreliabilität im Vergleichsmodell gegenüber dem Stammmodell an und führt zu keiner Änderung in der Über- bzw. Unterschreitung des Schwellenwertes.

Bemerkenswert ist, dass in jedem Stammmodell mindestens ein Indikator den Schwellenwert 0,5 für die Item-to-Total-Correlation unterschreitet, was in den Vergleichsmodellen jedoch nicht der Fall ist. Hier wird also den einzelnen Indikatoren der alternativen Modelle ein höherer Beitrag zum Konstrukt zugeschrieben.

Mit Blick auf die interne Konsistenz liegen die Minima der alternativen Modelle bis zu 0,02 unter den Stammmodellen, was eine Überschätzung der Reliabilitäten in den Stammmodellen andeutet. Allerdings liegen alle Werte, unabhängig von Modellart, über dem Grenzwert von 0,7.

Beurteilung der Auswirkungen des Schätzers. Eine Überschätzung der Güte durch die dichotome Codierung bzw. WLSMV-Diskrepanzfunktion lässt sich am ehesten im Vergleich der Indizes zur Beurteilung der globalen Güte zwischen den Modellen M1 und M1* feststellen (Tabelle 11.28). Während die Werte des Stammmodells M1 nahe an den empfohlenen Grenzwerten liegen, bei welchen man geneigt sein könnte, das Modell nicht zu verwerfen, liegen diese im alternativen Modell M1* deutlich außerhalb dieser Schwellenwerte. In den anderen Fällen deutet sich eine Überschätzung der Indikatorreliabilität von M1 im Vergleich zu M1* an. Allerdings darf hier nicht außer Acht gelassen werden, dass zwar die gleichen Indikatoren zugrunde liegen, diese aber anders genutzt werden Dies hat zur Folge, dass Vergleichbarkeit nur bedingt gegeben ist. In allen anderen Fällen liegen die Vergleichswerte in einer ähnlichen Größenordnung oder führen zu einer Verbesserung der Werte im alternativen Modell, was eine Unterschätzung im Stammmodell andeutet. So findet sich in jedem Stammmodell mindestens ein Indikator, der den Schwellenwert für die Item-to-Total-Correlation unterschreitet, während dies im passenden Vergleichsmodell nicht der Fall ist.

Abschließend kann festgehalten werden, dass sich Stamm- und Alternativmodell hinsichtlich der Kennwerte unterschiedlich verhalten, dies aber im Allgemeinen zu keinen Änderungen in der Über- oder Unterschreitung von Schwellenwerten führt. Allerdings ist anzumerken, dass für die alternativen Modelle diskrete Variablen genutzt wurden, während das ML-Verfahren von

kontinuierlichen ausgeht. Zur vertieften Prüfung des Verhaltens der Diskrepanzfunktion auf die Modellbeurteilung bedürfte es weiterer bzw. anderer Messungen,
die entweder ausreichend diskrete Zahlenwerte ermöglichen oder kontinuierliche
Variablen nutzen. Allerdings trägt der hier angeführte Vergleich zur Sicherung
der Ergebnisse bei, da für die alternativen Modelle immerhin metrische Variablen
für die manifesten Indikatoren herangezogen wurden.

11.1.9 Diskussion

In den vorangegangenen Abschnitten wurde die Frage nach der Abhängigkeit
der Umformungsfertigkeit von der Anwendung untersucht. Hierzu wurden unterschiedliche Modelle aufgestellt, um die Umformungsfertigkeit zu beschreiben
und hinsichtlich ihrer Güte diskutiert. Die Modelle, welche aus einem und aus
vier latenten Variablen bestehen, wiesen unterschiedliche Verletzungen der Gütekriterien auf. Das Modell, das aus drei Faktoren besteht, hingegen wies keine
(nennenswerte) Verletzung der Gütekriterien auf, so dass dieses Modell angenommen werden kann bzw. den anderen Modellen gegenüber vorzuziehen ist.
Hieraus lassen sich unterschiedliche Dinge ableiten.

Aus der Ablehnung des einfaktoriellen Modells lässt sich ableiten, dass die
Umformungsfertigkeit kein eindimensionales Konstrukt darstellt. Das bedeutet,
dass sich das Antwortverhalten über den gesamten Test hinweg nicht einzig durch
eine latente Variable erklären lässt. Es deutet sich hier also an, dass sich die
Umformungsfertigkeit aus unterschiedlichen Faktoren zusammensetzt, was durch
die Nicht-Ablehnung des Modells aus drei Faktoren bestätigt wird. Hieraus wiederum lässt sich ableiten, dass sich die Fertigkeit Äquivalenzumformung zum
Lösen von Gleichungen nicht unmittelbar auf andere Anwendungsbereiche übertragen lässt. Unter Betrachtung der Kovarianzen zwischen den Faktoren, welche
als Korrelationen interpretiert werden können, lässt sich jedoch feststellen, dass
ein relativ starker Zusammenhang zwischen dem Lösen und den anderen beiden Faktoren des Modells besteht. Dies ist naheliegend, da die zugrundeliegende
Tätigkeit der Anwendung von Äquivalenzumformungen durchaus Parallelen aufweist. Ansonsten wäre eine Testung eines einfaktoriellen Modells im Vorfeld
nicht schlüssig. Bemerkenswert ist jedoch, dass die Kovarianz zwischen dem
Umstellen und dem Normieren von Gleichungen um einiges niedriger ausfällt.
Dies lässt Thesen zur komplexeren Struktur der Umformungsfertigkeit zu, so dass
hier in zukünftigen Untersuchungen der Frage nach diesem Unterschied nachgegangen werden kann. Möglicherweise bauen das Normieren und Umstellen

jeweils eher auf dem Lösen von Gleichungen mittels Äquivalenzumformungen auf als auf dem jeweils dritten Faktor.

Aufschluss darüber, weshalb die Umformungsfertigkeit aus mehr als einem Faktor besteht, kann an dieser Stelle nicht gegeben werden. Hierfür kämen die unterschiedlichen Vergleichskriterien aus Abschnitt 4.3 in Frage. Aus der Verletzung des Modells aus vier Faktoren, kann jedoch geschlossen werden, dass es für Lernende weniger von Bedeutung ist, ob die Gleichungen in eine konkrete Situation bzw. Kontext eingebettet ist oder nicht. Daher stellt sich die Frage, welche Rolle die Anzahl der Variablen, die Variablentypen und Start- bzw. Zielzustand beim Anwenden von Äquivalenzumformungen spielen. Hierfür bedarf es künftig näherer Untersuchungen, um dem im Unterricht angemessen begegnen zu können.

11.2 Qualitative Inhaltsanalyse – Strukturierung

Im Rahmen der zweiten Forschungsfrage soll die jeweilige Beantwortung auf die Frage, wie man von einer gegebenen Gleichung zu einer zweiten gegebenen, äquivalenten Gleichung gelangt, untersucht werden. Hierzu werden eine Strukturierung sowie eine induktive Kategorienbildung nach Mayring (2022) durchgeführt. Die Durchführung der Analyse erfolgt unter Verwendung der Software „MAXQDA 2022".

11.2.1 Bestimmung des Ausgangsmaterials

Vor Beginn der Analyse soll zunächst das zu untersuchende Material näher beschrieben werden.

11.2.1.1 Festlegung des Materials

Gegenstand der Analyse sind die Ausführungen zum Item zur Beschreibung von Äquivalenzumformungen (Abschnitt 7.2) der in Kapitel 9 beschriebenen Stichprobe. Hierbei werden alle Beantwortungen berücksichtigt, wobei drei befragte Personen keine Antwort gaben, so dass in Summe 268 Antworten vorlagen. Die fehlenden Beantwortungen wurden im Rahmen der Analyse nicht ausgeschlossen. Da alle Bearbeitungen herangezogen werden, kann die Analyse als repräsentativ für die vorliegende Stichprobe gesehen werden – jedoch nicht für die gesamte Population der Schülerinnen und Schüler der 9. und 10. Jahrgangsstufe bayerischer Realschulen und Gymnasien.

11.2.1.2   Analyse der Entstehungssituation

Die relevante Frage wurde am Ende eines Tests gestellt, welcher im Rahmen des schulischen Unterrichts in den Klassenräumen der jeweiligen Schulklassen, durchgeführt wurde. Um Nichtbeantwortungen auf Grund zeitlicher Restriktionen des Tests zu vermeiden, wurde etwa fünf Minuten vor Ablauf der Zeit, um die Bearbeitung der letzten Seite, welche an erster Stelle das betreffende Item beinhaltet, gebeten. Geleitet wurde der Test vom Autor oder einer Lehrkraft. In allen Fällen war eine den Teilnehmenden bekannte Lehrkraft anwesend. Die Beantwortung war freiwillig und konnte trotz voriger schriftlicher Einwilligung zur Teilnahme (sowohl der Erziehungsberechtigten als auch der Teilnehmenden selbst) verweigert werden. Außerdem wurde darauf hingewiesen, dass eine Verweigerung mit keinerlei Konsequenzen verbunden ist.

11.2.1.3   Formale Charakteristika des Materials

Die Beantwortung der offenen Frage erfolgte handschriftlich und wurde im Nachgang vom Autor durch Überführung in Maschinenschrift digitalisiert. Durchgestrichene Beantwortungen wurden – soweit möglich – in Eckklammern ebenfalls digitalisiert, bei der Analyse jedoch nicht berücksichtigt.

11.2.2   Richtung der Analyse

Die Frage, die zum zu analysierenden Material führt, ist darauf ausgerichtet etwas über das Wissen der Befragten in Erfahrung zu bringen. Vor der Stellung der Frage sollten die teilnehmenden Personen eine Reihe von Aufgaben zum interessierenden Wissensbereich bearbeiten, um so entsprechendes Wissen zu aktivieren. Für die Frage selbst wurde ein Beispiel präsentiert, um eine passende Antwort zu erhalten. Nach Mayrings (2022) inhaltsanalytischem Kommunikationsmodell besteht die Richtung der Analyse darin, Aussagen über den kognitiven Hintergrund, genauer gesagt den Wissenshintergrund, der Kommunikatoren zu treffen.

11.2.2.1   Theoriegeleitete Differenzierung der Fragestellung

Waage- und Elementarumformungsregeln sind zentrale Regeln zum Umformen von Gleichungen (Kapitel 3). Während diese im Allgemeinen auf syntaktischer Ebene formuliert werden, lassen sich die Zusammenhänge auch mittels Modellen von Gleichungen darstellen, welche unterschiedliche Operationen und Interpretationen zulassen (Abschnitt 4.2). Handlungen lassen sich als „Rechenzeichenwechsel bei Seitenwechsel" und „auf beiden Seiten das Gleiche tun" beschreiben, die jeweils stellvertretend für Waage- bzw. Elementarumformungsregeln stehen. Hierbei ist nun von besonderem Interesse, ob die befragten Personen Regelwissen äußern, welches sich in Verbindung mit diesen beiden Regelsätzen setzen lässt, indem bspw. die Grundsätze geäußert werden.

11.2.3 Analyse – Strukturierung des Materials

Die hier aufgeführte Analyse folgt den sieben Schritten des allgemeinen Ablaufs der Strukturierung (Abschnitt 8.3).

1. Gegenstand, Fragestellung, Theoriehintergrund. Von Interesse ist, ob das Wissen, das die befragten Personen äußern in Verbindung zu den Elementarumformungsregeln oder den Waageregeln steht. Hierzu wird das gesamte vorliegende Material analysiert, um Aussagen über die gesamte Stichprobe treffen zu können und diese Kodierungen im Anschluss auch in Beziehung zu den weiteren Ergebnissen des Tests zu setzen. Detaillierte Ausführungen zum theoretischen Hintergrund erfolgen in Kapitel 3 und 4. Für den Fall, dass Beantwortungen keiner der beiden Umformungsregeln zugewiesen werden können, sollen diese Antworten mittels induktiver Kategorienbildung erfasst werden. Voraussetzung für eine neue Kategorie ist, dass sie Bezug zum Übergang von einer Gleichung zur anderen nimmt.

2. Theoriegeleitete Festlegung der Kategorien. Wann immer im Material eine Operation beschrieben wird, die auf die obere Gleichung angewendet wird, um zur unteren zu gelangen, ist die Stelle relevant und zu kategorisieren. Vorab wurden zwei Kategorien definiert, die jeweils zu den beiden Regelsätzen bzw. deren Grundsätzen passen (Tabelle 11.29). Ein zentrales Kriterium für die Zuordnung ist die Termneutralität. Wird eine Umformung beschrieben bei der ein Element von beiden Seiten der Gleichung verknüpft wird, das unabhängig von der Gleichung ist, wird dies der Kategorie „beidseitiges Operieren" zugeordnet, welche stellvertretend für den Grundsatz „auf beiden Seiten das Gleiche tun" und somit für die Waageregeln steht. Dem gegenüber wird die Kategorie „Seitenwechsel" definiert, wenn ein Element einer Gleichung auf die andere Seite versetzt wird. Dies ist stellvertretend für den Grundsatz „Rechenzeichenwechsel bei Seitenwechsel" und somit auch für die Elementarumformungsregeln. Der Rechenzeichenwechsel wird hier zunächst bewusst nicht berücksichtigt, um auch inkorrekte Anwendungen der Elementarumformungsregeln einzubeziehen.

Tabelle 11.29 Vorab definierte Kategorien zur Analyse des qualitativen Datenmaterials

Kategorie	Beschreibung
beidseitiges Operieren	Eine Operation wird beschrieben, die auf beiden Seiten bzw. auf der rechten und der linken Seite durchgeführt wird, wobei das verknüpfte Element unabhängig von der Gleichung ist.
Seitenwechsel	Ein vorhandenes Element einer Seite der Gleichung wird auf die andere Seite der Gleichung versetzt.

Anhand dieser Hauptkategorien sollen, falls nötig anhand des Materials Unterkategorien gebildet werden, die die Unterschiede in den Beantwortungen herausstellen. Zudem sollen mittels induktiver Kategorienbildung Beschreibungen von Umformungen erfasst werden, die nicht eindeutig einer der beiden Kategorien zuzuordnen sind.

3. Theoriegeleitete Formulierung von Definitionen, Ankerbeispielen und Kodierregeln zu jeder Kategorie, Zusammenstellung zu einem Kodierleitfaden. Auf eine Präsentation vorläufiger Versionen des Kodierleitfadens wird an dieser Stelle verzichtet. Stattdessen wird der finale Kodierleitfaden dargestellt (Tabelle 11.30). Dieser setzt sich aus Subkategorien der vorab definierten Hauptkategorien zusammen, die anhand des Materials erstellt wurden. Es wurden vier Kategorien induktiv ermittelt und ergänzt, die entweder aus theoretischer Perspektive interessant erscheinen oder häufig auftretende Beantwortungen erfassen.

4. Kodierung eines ersten Textteils; Überarbeitung der Kategorien und des Kodierleitfadens. Dieser Schritt wurde vier Mal durchlaufen, um den Kodierleitfaden zu ermitteln. Im ersten Durchlauf wurden 49 Beantwortungen kodiert (Tabelle 11.31), um Subkategorien sowie weitere Kategorien zu bilden, welche weitere Antworten erfassen. Diese wurden in einem zweiten Durchlauf an über der Hälfte des Datensatzes erprobt und verfeinert. In einem dritten Durchlauf wurde er an 20 Ausführungen der Befragten erneut auf die Probe gestellt. Für den letzten Durchlauf wurden zufällig 29 Beantwortungen ermittelt. Eine weitere Person wurde zum Kodieren (studentische Hilfskraft) hinzugezogen und letzte Anpassungen am Kodierleitfaden vorgenommen.

5. Endgültiger Materialdurchgang; Zuordnung der Kategorien zu Textpassagen. Wenn die Kategorien hinreichend trennscharf erscheinen, kann das gesamte Material einer endgültigen Kodierung unterzogen werden. In diesem Schritt wurden alle Beantwortungen vom Verfasser der Arbeit sowie einer studentischen Hilfskraft, anhand des oben beschriebenen Kodierleitfadens analysiert.

Tabelle 11.30 Finaler Kodierleitfaden zur Strukturierung der qualitativen Daten

Kategorie	Definition	Ankerbeispiele	Kodierregeln
beidseitiges Operieren als simultane Operation	Das beidseitige Operieren wird in einem Schritt beschrieben.	„Minus zwei muss auf beiden Seiten gerechnet werden da in der mitte ein istgleich (=) steht."	Eine Operation wird beschrieben, die auf beiden Seiten durchgeführt, wobei das verknüpfte Element unabhängig von der Gleichung ist. Auswirkungen der simultanen Operation, können zusätzlich sukzessive beschrieben sein.
beidseitiges Operieren als sukzessives Operieren	Das beidseitige Operieren wird durch mehrere Schritte umschrieben.	„wurde von der linken Seite die 2 abgezogen. So muss sie auch von der rechten Seite abgezogen werden"	Eine Operation wird beschrieben, die auf der rechten und der linken Seite durchgeführt, wobei das verknüpfte Element unabhängig von der Gleichung ist.

(Fortsetzung)

Tabelle 11.30 (Fortsetzung)

Kategorie	Definition	Ankerbeispiele	Kodierregeln
Seitenwechsel mit Rechenzeichenwechsel	Eine Änderung des Rechenzeichens von Plus auf Minus wird in Kombination des Seitenwechsels genannt.	„Das Vorzeichen der Zahl zwei wurde ins Negative gekehrt und somit auf der rechten Seite der Gleichung subtrahiert" „die +2 auf die andere Seite verschoben wurde und somit von der +7 abgezogen werden muss"	Ein vorhandenes Element einer Seite der Gleichung wird auf die andere Seite der Gleichung versetzt, auf das die Definition zutrifft.
Seitenwechsel mit einem Rechenzeichen	Der Seitenwechsel wird mit einem Rechenzeichen begründet.	„Die 2 wurde mit minus auf die andere Seite gebracht" „Man hat als erstes minus zwei gerechnet, um die zwei nach rechts zu bringen"	Ein vorhandenes Element einer Seite der Gleichung wird auf die andere Seite der Gleichung versetzt, auf das die Definition zutrifft. Dass sie woanders abgezogen wird, reicht nicht als Begründung: „die zwei vor dem x wurde auf die andere Seite gebracht und von der 7 abgezogen"

(Fortsetzung)

Tabelle 11.30 (Fortsetzung)

Kategorie	Definition	Ankerbeispiele	Kodierregeln
Seitenwechsel ohne Rechenzeichen	Ein Element (bspw. 2) wird ohne Erläuterung auf die andere Seite verschoben (ohne Nennung eines Rechenzeichenwechsels oder Rechenzeichens).	„Die 2 auf der linken Seite wurde nach rechts geschoben bzw. aufgelöst" „Die x-Werte wurden allein auf eine Seite gebracht (links) und die restlichen Werte auf die andere Seite (rechts)."	Ein vorhandenes Element einer Seite der Gleichung wird auf die andere Seite der Gleichung versetzt, auf das die Definition zutrifft.
beidseitiges Operieren + Seitenwechsel	Seitenwechsel wird durch beidseitiges Operieren begründet.	„Zuerst wurde die 2 auf die Andere Seite gebracht d. h. beide Zeiten −2 rechnen"	
Unklare Operation mit −2	Es wird eine Operation (−2 rechnen) beschrieben, die nicht nachvollziehbar ist, in der Regel mit Bezug auf die gesamte Gleichung.	„Die zwei wurden subtrahiert"	Wenn die Definition zutrifft und Seitenwechsel sowie beidseitiges Operieren in Frage kommt.
Inhaltliche Begründung	Die Umformung wird inhaltlich begründet.	„Es wird die Zahl gesucht, die mit 2 addiert 7 ergibt und das ist 5. Daher gilt $x = 5$."	

(Fortsetzung)

Tabelle 11.30 (Fortsetzung)

Kategorie	Definition	Ankerbeispiele	Kodierregeln
Symbolische Ergänzung	Das Beispiel aus den beiden Gleichungen wird aufgeschrieben und ggf. ergänzt.	„$2 + x = 7$ I–7 $x = 5$"	
Kommandostrich	Es wird beschrieben, dass etwas wird mit einem Kommandostrich gemacht wird.	„man hat durch den Kommandostrich 7–2 gerechnet" „$2 + x = 7$ I–7 $x = 5$"	Die Beschreibung kann schriftlich verbal oder symbolisch erfolgen. Daher ist dieser Code ggf. auch in der Symbolischen Ergänzung zu setzen.

Tabelle 11.31 Überblick der kodierten Beantwortungen je Probedurchlauf zur Ausschärfung des Kodierleitfadens

	Durchlauf 1	Durchlauf 2	Durchlauf 3	Durchlauf 4
Anzahl codierter Beantwortungen	49	153	20	29

6. Intercoder-Übereinstimmungstest. Im Anschluss an den endgültigen Materialdurchgang wurden die beiden unabhängigen Kodierungen hinsichtlich ihrer Übereinstimmung geprüft. Da es sich bei den Beantwortungen um kurze Dokumente handelt (im Schnitt 97 Zeichen pro Antwort) wurde die Übereinstimmung auf Dokumentenebene analysiert und als Maßzahl Cohens Kappa herangezogen (ermittelt mit SPSS). Über alle Kategorien hinweg weisen die beiden Kodierungen eine sehr hohe Übereinstimmung von $\kappa \approx 0{,}878$ (Tabelle 11.32) auf (Landis & Koch, 1977; Kuckartz, 2016). Im Folgenden werden die Kategorien im Einzelnen in den Blick genommen.

Mit einer Ausnahme weisen alle Kategorien mit Kappa $\kappa > 0{,}6$ einen guten Wert auf (Kuckartz, 2016), was einer substanziellen bzw. erheblichen Übereinstimmung entspricht (Landis & Koch, 1977). In mehr als der Hälfte der Kategorien konnte eine nahezu perfekte Übereinstimmung erzielt werden, was einem $\kappa > 0{,}8$ entspricht (Landis & Koch, 1977; Kuckartz, 2016).

Tabelle 11.32 Übersicht der Maßzahlen zur Bestimmung der Intercoder-Übereinstimmung

Kategorie	Übereinstimmung	Nicht-Übereinstimmung	Gesamt	Prozentual	Kappa
beidseitiges Operieren als simultane Operation	63	4	67	94,03	0,960
beidseitiges Operieren als sukzessives Operieren	7	6	13	53,85	0,689
Seitenwechsel mit Rechenzeichenwechsel	21	4	25	84,00	0,905
Seitenwechsel mit einem Rechenzeichen	50	20	70	71,43	0,786
Seitenwechsel ohne Rechenzeichen	21	7	28	75,00	0,843
beidseitiges Operieren + Seitenwechsel	3	3	6	50,00	0,662
Unklare Operation mit −2	39	10	49	79,59	0,864
Inhaltliche Begründung	1	4	5	20,00	0,329
Symbolische Ergänzung	13	2	15	86,67	0,925
Kommandostrich	30	1	31	96,77	0,982

Auffällig hinsichtlich des Übereinstimmungskoeffizienten ist die Kategorie „Inhaltliche Begründung" mit $\kappa \approx 0,329$, was auf eine nicht ausreichende Güte in der Definition und Anwendung der Kategorie hindeutet. Insgesamt wird hier eine Überein- und vier Nicht-Übereinstimmungen gezählt, was deutlich macht, dass dieser Kode im vorliegenden Material selten auftritt und mit ein Grund für mangelnde Genauigkeit der Kategorie sein kann.

Bei Betrachtung der prozentualen Übereinstimmung werden außerdem zwei weitere Kategorien auffällig, die jeweils eine Übereinstimmung von ca. 50 % aufweisen (bei 6 und 13 Kodierungen). Auch in diesen Kategorien liegen relativ wenige Kodierungen vor, was ein Grund für die eher niedrigen (aber ausreichenden) Werte für Kappa sein kann.

Insgesamt ist festzuhalten, dass mit einer Ausnahme, auf Basis des Übereinstimmungskoeffizienten die Anforderungen an die Güte erfüllt werden. Ein Blick auf die prozentualen Übereinstimmungen lässt die Kodierungen vereinzelter Kategorien diskussionswürdig erscheinen. Dabei ist anzumerken, dass die Betrachtung der Übereinstimmungen sowie der Übereinstimmungskoeffizienten aus dem Bereich der quantitativen Analyse stammt. Daher ist die Anwendbarkeit auf qualitative Arbeiten umstritten (Mayring, 2022; Kuckartz 2016), weshalb die mangelnde Erfüllung der statistischen Güte hier nicht unmittelbar zum Ausschluss der Kategorien führt. Stattdessen wurde im Anschluss an die parallelen Kodierungen ein Konsens gebildet, indem bei den nicht-übereinstimmenden Kodierungen eine Einigung erzielt wurde, was ein übliches Vorgehen in der qualitativen Analyse darstellt (Kuckartz, 2016; Hopf & Schmidt, 1993). Die Ergebnisse des gesamten Prozesses werden im nächsten Schritt dargestellt.

7. Auswertung, ev. quantitative Analyse (z. B. Häufigkeiten). Die Kodierungen der unterschiedlichen Kategorien, die entweder das beidseitige Operieren, den Seitenwechsel oder beides enthalten, sind disjunkt. Da die Codes außerdem höchstens ein Mal pro Beantwortung gesetzt wurden, können die Häufigkeiten stellvertretend für die Beantwortungen der einzelnen Teilnehmenden gesehen werden. Es haben 77 Personen auf das gegebene Item mit einer Antwort reagiert, die eine beidseitige Operation beschreibt. Andere 110 Person hingegen haben einen Seitenwechsel beschrieben, wobei dieser unterschiedlich begründet oder erläutert wurde. Die Kategorie „Unklare Operation mit -2" tritt bis auf zwei Ausnahmen unabhängig von einem Seitwechsel oder dem beidseitigen Operieren auf, so dass diese Antwort als charakteristische Reaktion von weiteren 40 Personen gesehen werden kann. Vier der sechs Antworten, die mit dem Code „Inhaltliche Begründung" versehen wurden, enthielten keinen weiteren Code. Die beiden Kategorien „Symbolische Ergänzung" und „Kommandostrich" treten fast ausschließlich in Kombination mit den anderen hier beschriebenen Kategorien auf, so dass diese eher eine ergänzende Funktion erfüllen, als dass sie die Antwort gänzlich charakterisieren. Somit können anhand der hier dargestellten Kategorien die Antworten von 231 der 268 Beantwortungen charakterisiert werden. Auf die verbleibenden 37 Beantwortungen traf keiner der hier aufgeführten Codes zu, weil sie zu allgemeine oder ungenaue Beschreibungen enthielten. Insgesamt können 187 Beantwortungen dem beidseitigen Operieren oder einem Seitenwechsel zugeordnet werden, während die verbleibenden 81 Beantwortungen keine Zuordnung zu den vorab definierten Kategorien zulassen.

Tabelle 11.33 Übersicht über Codehäufigkeiten im Gesamten und einzeln je nach Schulform. Außerdem der Korrelationskoeffizient r zwischen der jeweiligen Kategorie und den Schulformen, wobei ein positives Vorzeichen für einen positiven Zusammenhang mit der Schulform Realschule steht und ein negatives respektive für einen positiven Zusammenhang mit der Schulform Gymnasium. * Signifikanz der Korrelation auf einem Niveau von 0,05; ** Signifikanz der Korrelation auf einem Niveau von 0,01

Kategorie	Realschule	Gymnasium	Summe	$r_{schule, Kategorie}$
beidseitiges Operieren als simultane Operation	13	48	61	−0,295**
beidseitiges Operieren als sukzessives Operieren	3	9	12	−0,102
Seitenwechsel mit Rechenzeichenwechsel	15	7	22	0,116
Seitenwechsel mit einem Rechenzeichen	37	29	66	0,083
Seitenwechsel ohne Rechenzeichen	14	8	22	0,089
beidseitiges Operieren + Seitenwechsel	0	4	4	−0,119*
Unklare Operation mit −2	18	24	42	−0,050
Inhaltliche Begründung	3	3	6	0,004
Symbolische Ergänzung	11	3	14	0,139*
Kommandostrich	26	5	31	0,253**

Wird die Schulform in die Betrachtung der Kodierungen einbezogen, so treten Kodierungen zum beidseitigen Operieren häufiger bei Teilnehmenden vom Gymnasium auf, während die beiden Kategorien „Symbolische Ergänzung" und „Kommandostrich" sich häufiger in Beantwortungen von Schülerinnen und Schüler der Realschulen finden lassen. Signifikante Zusammenhänge konnten lediglich

in vier Kategorien identifiziert werden, wobei der Korrelationskoeffizient im
Betrag jeweils kleiner als 0,3 ist (Tabelle 11.33), was lediglich auf einen schwa-
chen Zusammenhang schließen lässt (Cohen, 1988). Der stärkste Zusammenhang
mit fast mittlerem Effekt besteht zwischen der Kategorie des beidseitigen simultanen Operierens und der Schulform, so dass diese Kategorie eher bei Jugendlichen
auftritt, die ein Gymnasium besuchen. Auch die Kombination aus beidseitigem
Operieren und Seitwechsel tritt eher am Gymnasium auf, wobei hier der Effekt
deutlich kleiner ist. Die beiden letzten Kategorien „Symbolische Ergänzung" und
„Kommandostrich" treten eher bei Befragten von Realschulen auf, wobei auch
hier die Effekte klein sind. Korrelationen der Kategorien mit der Jahrgangsstufe
sind im Betrag jeweils kleiner als 0,1 und nicht signifikant, so dass hier keine
Zusammenhänge erkennbar sind.

11.2.4 Diskussion der Ergebnisse

Ziel der Analyse war es in Erfahrung zu bringen, inwieweit sich Hinweise auf
Waage- oder Elementarumformungsregeln in den Beschreibungen finden lassen,
die wiederum Rückschlüsse auf das Wissen zulassen. Hierzu wurden vorab zwei
Kategorien gebildet, die nicht explizit auf syntaktische Regeln abzielen, sondern
eher auf die Art und Weise wie diese – zumindest aus theoretischer Perspektive –
als Wissenselemente repräsentiert werden. Die Kategorie „beidseitiges Operieren"
soll angewendet werden, wenn eine Umformung als beidseitige Verknüpfung
eines unabhängigen Elementes verstanden wird, was einer Operation im Sinne der
Waageregeln entspricht (Kapitel 3, Abschnitt 4.2). Die Alternative hierzu stellt die
ursprüngliche Kategorie Seitenwechsel dar, die anzuwenden ist, wenn ein beste-
hendes Element der Gleichung von einer auf die andere Seite einer Gleichung
versetzt wird. Zentral hierfür ist die Anwendung der Elementarumformungsregeln
als Bewegungsschema (Abschnitt 4.2). Beide Hauptkategorien wurden im Analy-
seprozess durch die Bildung von Unterkategorien differenziert. Außerdem wurden
Kategorien ergänzt, die nicht eindeutig den beiden vorab definierten Kategorien
zugeordnet werden können.

In 77 Beantwortungen wurde eine Umformung als beidseitiges Operieren
beschrieben, was auf den Gebrauch der Waageregeln hinweist (Abschnitt 4.2).
Hierbei lassen sich unterschiedliche Varianten der Ausführungen finden. Die
größte Gruppe beschreibt die beidseitige Operation als etwas das auf beiden
Seiten der Gleichung „zeitgleich" – also simultan – geschieht. Ein deutlich klei-
nerer Anteil beschreibt das beidseitige Operieren als ein Verfahren, das aus zwei
Schritten besteht. Zunächst wird eine Operation auf der einen Seite der Gleichung

durchgeführt. Als Folge muss diese aber auch auf der anderen Seite durchgeführt werden. Diese Unterscheidung zwischen einer simultanen Operation und einer Operation in zwei Schritten scheint vielleicht nicht von besonderer Bedeutung, ist aber insofern interessant, als dass das sukzessive Operieren näher am tatsächlichen Operieren auf der Gleichung (am Papier) bzw. den kognitiven Prozessen sein dürfte und eine Umschreibung der Waageregeln beschreibt, die so nicht erwartet wurde. Die kleinste Gruppe beschreibt die Waageregeln in Kombination mit dem Wechsel des Terms von einer auf die andere Seite der Gleichung. Genauer gesagt, wird dieser Seitenwechsel mit den Waageregeln begründet. Die verschiedenen Kategorien zum beidseitigen Operieren werden eher seltener von Lernenden der Realschulen als von Lernenden des Gymnasiums genannt, was auf einen Effekt durch die besuchte Schulform hindeutet. Korrelationen weisen jedoch nur zwei schwache, signifikante Effekte auf, wobei ein nahezu mittlerer Zusammenhang zwischen dem simultanen, beidseitigen Operieren und der Schulform besteht. Das Wissen, das die Lernenden äußern, scheint in Teilen abhängig von der Schulform zu sein, wenngleich diese Effekte nahezu vernachlässigbar sind. An dieser Stelle können lediglich Vermutungen für die Zusammenhänge zwischen der Schulform und dem dargelegten Wissen in Form von Beschreibungen angestellt werden. Eine mögliche Erklärung hierfür lässt sich in den Lehrplänen finden. In den Lehrplänen der Realschule werden Äquivalenzumformungen in den Klassen 6–9 jeweils aufgeführt und der Begriff sukzessive aufgebaut und erweitert (Bayerisches Staatsministerium für Unterricht und Kultus, 2008). Es wird zunächst mit einfachen Gleichungen $a \cdot x + b = c$ begonnen, die die Besonderheit aufweisen, dass sie sich mit inhaltlichen Lösungsmethoden (Kapitel 2, Kapitel 3) lösen lassen, die es unter anderem Erlauben an aus der Primarstufe bekannte Umkehraufgaben anzuknüpfen. Ausgehend hiervon wird in den Folgejahren die Anwendung von Äquivalenzumformungen u. a. auf Bruchgleichungen oder Systeme linearer Gleichungen thematisiert. Im Gegenzug hierzu findet der Begriff der Äquivalenzumformung in der Sekundarstufe I des Gymnasiums keine explizite Erwähnung (ISB, 2004). Erste Hinweise auf Äquivalenzumformungen lassen sich im Jahrgang 7 finden, wenn Gleichungen „systematisch gelöst" bzw. Lösungen über „das Kalkül gewonnen" werden. In den Folgejahren werden unterschiedliche Gleichungstypen gelöst, was einen Hinweis für die Anwendung von Äquivalenzumformung darstellt. Hieraus lässt sich die Vermutung aufstellen, dass die Idee des Seitenwechsels durch den systematischen Aufbau und einer möglichen Anknüpfung an Vorwissen aus der Arithmetik begünstigt wird. Die Idee des beidseitigen Operierens hingegen scheint sich besser aufbauen zu lassen, wenn kein Wert auf die systematische Anknüpfung gelegt wird. Allerdings sind diese Vermutungen mit Vorsicht zu genießen, da die ermittelten Korrelationen nicht all zu groß sind. Zudem können andere Gründe als die Curricula zu den festgestellten Effekten führen. So wäre es denkbar, dass die Deutungen von der allgemeinen Leistungsfähigkeit bzw. mathematischen Kompetenz abhängig sind und deswegen bspw. Deutungen basierend auf der Waageregel häufiger am Gymnasium auftreten. Auch lässt sich nicht ausschließen, dass die beschriebenen Zusammenhänge ein Ergebnis der Stichprobenziehung sind, bei der es sich lediglich um eine Gelegenheitsstichprobe handelt (siehe Kapitel 9). Bemerkenswert ist, dass die Kategorien Kommandostrich und symbolische Ergänzung, die eher auf eine Orientierung am Kalkül hindeuten, häufiger an Realschulen auftreten, wo dem Lehrplan nach, eine systematische Diskussion des Begriffs erfolgt. Dieser Aufbau des Lehrplans legt eher eine inhaltliche Orientierung nahe als es der gymnasiale Lehrplan tut, bei dem insbesondere eine zweckorientierte Diskussion der Äquivalenzumformung stattfindet, was wiederum auf eine Orientierung am Kalkül hindeutet. Ein Abgleich mit den Kategorien Kommandostrich und symbolische Ergänzung widerspricht dem jedoch.

Am häufigsten wurde die Umformung zwischen den Gleichungspaaren in Beziehung zu einem Seitenwechsel gesetzt, also dass ein Element einer Seite der Gleichung auf die andere Seite versetzt wird. Werden die Antworten als stellvertretend dafür gesehen, wie Äquivalenzumformungen gedeutet und kognitiv repräsentiert werden, dann ist anzumerken, dass die größte Personengruppe, mit einer Größe von 110, Äquivalenzumformungen als Bewegung deutet und daher eher in Beziehung zu den Elementarumformungsregeln setzt (Abschnitt 4.2). Dies steht im Einklang mit den Befunden aus Malles (1993) Interviewstudie, dass Lernende eher Elementarumformungsregeln nutzen und dies eher deren Denkprozessen entspricht, als es die Waageregeln tun. Allerdings ist anzumerken, dass es sich bei der untersuchten Stichprobe um eine Gelegenheitsstichprobe handelt und die hier dargestellten Verhältnisse nicht notwendigerweise auf die gesamte Population zutreffen. Zudem lässt sich nur eine der drei Kategorien über den Seitenwechsel hinaus auf operationaler Ebene durch den „Rechenzeichenwechsel" eindeutig den Elementarumformungsregeln zuordnen. In den anderen Fällen ist nicht eindeutig auszuschließen, dass ein Seitenwechsel durch beidseitiges Operieren gemeint ist, da hier lediglich ein oder kein Rechenzeichen genannt wird und der Seitenwechsel bspw. ein Teil einer Strategie („alle Zahlen auf eine Seite und alle Variablenterme auf die andere Seite") darstellen kann.

Die Tatsache, dass Beschreibungen und damit das Wissen von (einem Teil der) Schülerinnen und Schüler am Ende der Sekundarstufe 1 von Äquivalenzumformungen in Bezug zu den Elementarumformungsregeln stehen, ist aus verschiedenen Gründen bemerkenswert. Dazu gehört, dass die Waageregeln im deutschen Mathematikunterricht eine lange Tradition aufweisen, die Malle (1993) bereits vor 30 Jahren beschrieben hat. Dem ist hinzuzufügen, dass in keinem der oben untersuchten Schulbücher Elementarumformungsregeln genutzt werden, sondern ausnahmslos Waageregeln (Kapitel 3). Dies ist möglicherweise eine Folge der „Tradition der Waageregeln". Es ist nicht ausgeschlossen, dass, dass die jeweiligen Schulen nicht ein Schulbuch nutzten, das Äquivalenzumformungen als Elementarumformungsregeln thematisiert, lässt dies aber eher unwahrscheinlich erscheinen. Vor allen Dingen wirft dieses scheinbar recht persistente Auftreten der mit den Elementarumformungsregeln verbundenen Deutungen als Bewegung die Frage auf, ob wir diese tatsächlich außenvorlassen und durch ein beidseitiges Operieren (bspw. am Waagemodell) ersetzen sollen, wie es bspw. Vlassis (2002) vorschlägt. Zur besseren Diskussion der Frage soll Forschungsfrage 3 dienen, welche die beiden Regeltypen bzw. die damit verbundenen Vorstellungen in Verbindung zur Umformungsfertigkeit setzt und sie vergleicht.

11.3 Mittelwertvergleich

Im Rahmen der Diskussion von Forschungsfrage 2 konnten unterschiedliche Wissensarten identifiziert werden, die mit unterschiedlichen theoretischen Überlegungen in Zusammenhang stehen. Basierend auf einer Zuordnung von Personen zu Gruppen entsprechend des explizierten Wissens in Form von Beschreibungen soll verglichen werden, ob sich die Leistung der verschiedenen Gruppen unterscheiden. Hierzu werden die Beantwortungen des in Forschungsfrage 1 vorgestellten Testinstruments hinzugezogen und die Gruppen hinsichtlich der Anzahlen an korrekt gelösten Items (*Summenscore*) miteinander verglichen.

11.3.1 Mittelwertvergleich – beidseitiges Operieren, Seitenwechsel, Restgruppe

Es lässt sich eine Gruppe an Personen identifizieren, die Umformungen im Sinne der Waageregeln beschreiben, indem auf beiden Seiten der Gleichung die gleiche Operation durchgeführt wird (*Gruppe beidseitiges Operieren*). Begründungen eines Seitenwechsels mittels beidseitiger Operation werden dieser Gruppe zugeordnet, da ein unabhängiges Element verknüpft wird. Eine zweite Gruppe beschrieb die Umformung einer Gleichung als eine Bewegung von einer Seite der Gleichung zur anderen, was im Einklang mit der Bewegungsmetapher steht, die auf die Elementarumformungsregeln schließen lässt (*Gruppe Seitenwechsel*). Die restlichen Personen gaben Antworten, die keine Zuordnung zu einem der beiden Regeltypen zuließ, weil sie bspw. inhaltlich argumentierten oder eine zu ungenaue Aussage machten (*Restgruppe*). Sie werden mit den beiden anderen Gruppen verglichen. Da dadurch mehr als zwei Gruppen am Mittelwertwertvergleich beteiligt sind, wird eine ANOVA durchgeführt. Vorher soll jedoch ein Vergleich auf deskriptiver Ebene erfolgen.

11.3.1.1 Deskriptiver Vergleich

Zum Vergleich stehen drei Gruppen mit unterschiedlichen Personenstärken. Während die Restgruppe (n = 84) eine ähnliche Größe wie die des beidseitigen Operierens (n = 77) aufweist, ist die größte Gruppe die des Seitenwechsels.

Die Mittelwerte der Gruppen nehmen die Werte 11,86; 13,51 und 18,57 ein (Tabelle 11.34). Bemerkenswert hierbei ist, dass der geringste Mittelwert (11,86) die höchste Standardabweichung (7,607) aufweist, während der höchste Mittelwert (18,57) mit der geringsten Standardabweichung (4,897) einhergeht. Mittelwert und Standardabweichung der verbleibenden Gruppe („Seitenwechsel") liegen näher an der Gruppe mit dem niedrigsten Mittelwert („Restgruppe").

Tabelle 11.34 Minimum, Maximum, Mittelwert und Standardabweichung der drei unterschiedlichen Gruppen bezogen auf Anzahl korrekt gelöster Items (Summenscore)

	N	Min.	Max.	Mittelwert	Std.-Abweichung
Summenscore der Restgruppe	84	0	24	11,86	7,607
Summenscore der Gruppe Seitenwechsel	110	0	24	13,51	6,443
Summenscore der Gruppe beidseitiges Operieren	77	1	24	18,57	4,897

In allen drei Gruppen finden sich Personen, die alle Items des Tests korrekt gelöst haben, was auf einen Deckeneffekt hinweist. Das Minimum liegt in zwei Gruppen bei null und bei einer bei eins, so dass hier jeweils nahezu das gesamte Spektrum an korrekt gelösten Items abgedeckt zu sein scheint. Mit der grafischen Darstellung der Verteilung der Daten mittels Boxplots kann dies etwas differenzierter betrachtet werden. Während sich die Fühler der Restgruppe und der Gruppe des Seitenwechsels in der Tat über das gesamte Spektrum erstrecken, reichen diese bei der Gruppe des beidseitigen Operierens von 10 bis 24 (Abbildung 11.1). Die vier Werte unterhalb von 10 können hier als Ausreißer und somit als für die Gruppe untypisch interpretiert werden.

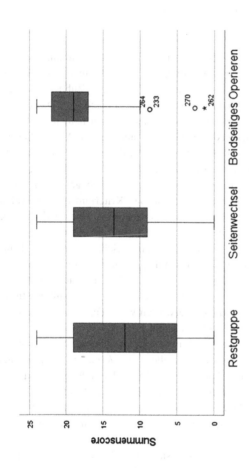

Abbildung 11.1 Boxplots zu den Summenscores der Restgruppe, Gruppe des Seitenwechsels sowie der Gruppe des beidseitigen Operierens

Die Summenscores der Restgruppe verteilen sich relativ gleichmäßig, während sie sich beim Seitenwechsel bereits eher im oberen Bereich sammeln. In der Gruppe des beidseitigen Operierens ist die Box des Boxplots am kleinsten und am weitesten oben angesiedelt. Zum einen lässt sich hieraus ableiten, dass die Streuung der Daten am geringsten ist, zum anderen, dass der größte Teil der Gruppe relativ hohe Summenscores erreicht hat.

11.3.1.2 ANOVA

Voraussetzungen für eine ANOVA sind eine Normalverteilung der Daten, Varianzhomogenität zwischen den Gruppen, Unabhängigkeit der Beobachtungen sowie Intervallskalierung der abhängigen Variablen (Bühner & Ziegler, 2017). Während die ersten beiden Voraussetzungen anhand der Daten getestet werden können, bedarf es einer Diskussion der anderen beiden Punkte. Verglichen werden sollen die verschiedenen Gruppen anhand der Anzahl korrekt gelöster Items zum Umformen von Gleichungen. Da diese Skala einen absoluten Nullpunkt besitzt (0 Items wurden korrekt gelöst) und Verhältnisse gebildet werden können (Person A hat mit 4 Items doppelt so viele gelöst wie Person B mit 2 Items), erfüllt die abhängige Variable das Kriterium der Intervallskalierung. Die Unabhängigkeit wird bei Varianzanalysen ohne Messwiederholungen in der Regel als gegeben angesehen. Allerdings ist anzumerken, dass keine Zufallsstichprobe vorliegt. Alle Erhebungen fanden in Schulklassen statt. Daher können Abhängigkeiten auf Grund der Beschulung (durch Lehrkraft, Unterricht, Lernpartner etc.) existieren, was sich bei schulpraktischen Untersuchungen dieser Art kaum vermeiden lässt. Dies erhöht die Gefahr, dass die Nullhypothese der Mittelwertgleichheit trotz Gültigkeit verworfen wird (Fehler erster Art), was bei der Diskussion der Ergebnisse zu berücksichtigen ist.

Zur Prüfung auf Normalverteilung der Daten wird der Shapiro-Wilk-Test herangezogen. Da der Summenscore in allen drei Vergleichsgruppen signifikant ist (Tabelle 11.35), kann die Annahme der Normalverteilung der Daten verworfen werden. Allerdings ist anzumerken, dass die ANOVA relativ robust gegenüber Verletzungen der Annahme der Normalverteilung ist und dies nicht zwangsläufig bedeutet, dass auf ein nicht-parametrisches Verfahren auszuweichen ist (Bühner & Ziegler, 2017).

Zuletzt gilt es zu prüfen, ob sich die Varianzen zwischen den Gruppen unterscheiden. Hierzu wird der der Levene-Test herangezogen, welcher einen signifikanten Unterschied der Varianzen zwischen den Gruppen anzeigt (Tabelle 11.36).

Da die Voraussetzungen für die ANOVA hinsichtlich Varianzhomogenität und Normalverteilung verletzt sind, werden die Ergebnisse der ANOVA mit den zwei

Tabelle 11.35 Prüfung der Summenscores der einzelnen Gruppen auf Normalverteilung mittels Shapiro-Willk-Test

		Statistik	df	Signifikanz
Summenscore	Restgruppe	0,925	84	<0,001
	Seitenwechsel	0,959	110	0,002
	beidseitiges Operieren	0,880	77	<0,001

Tabelle 11.36 Prüfung der Nullhypothese auf Gleichheit der Summenscores der einzelnen Gruppen mittels Levene-Test

		Levene-Statistik	df1	df2	Sig.
Summenscore	basiert auf dem Mittelwert	15,126	2	268	<0,001
	basiert auf dem Median	15,691	2	268	<0,001
	basierend auf dem Median und mit angepassten df	15,691	2	267,058	<0,001
	basiert auf dem getrimmten Mittel	15,739	2	268	<0,001

robusten Alternativen (Welch- und Brown-Forsythe-Test) verglichen. Zur zusätzlichen Absicherung wird die nicht-parametrische Variante (Kruskal-Wallis-Test) hinzugezogen.

Alle vier Hypothesentests sind hoch signifikant (Tabelle 11.37, Tabelle 11.38), so dass die Annahme der Mittelwertgleichheit zwischen den Gruppen verworfen werden kann. Es kann also davon ausgegangen werden, dass sich mindestens zwei Mittelwerte signifikant unterscheiden. Laut den Ergebnissen der ANOVA lassen sich 15 % (Eta-Quadrat) der Unterschiede zwischen den Personen auf die Gruppenzugehörigkeit zurückführen, was einem starken Effekt entspricht (Cohen, 1988).

Da sich wenigstens zwei Mittelwerte unterscheiden, muss noch festgestellt werden, welche dies sind. Diese Untersuchung ist eher explorativ angelegt ist. Es wurden vorab keine Hypothesen gebildet. Darum wird ein Post-Hoc-Test durchgeführt. Hierbei findet ein paarweiser Mittelwertvergleich statt, bei welchem der Fehler erster Art zu kontrollieren ist. Zu diesem Zwecke stehen

Tabelle 11.37 Ergebnisse der ANOVA zur Testung auf Gleichheit der Summenscores zwischen Restgruppe, Gruppe des beidseitigen Operierens und Gruppe des Seitenwechsels

	Quadratsumme	df	Mittel der Quadrate	F	Sig.
Zwischen den Gruppen	1969,986	2	984,993	23,674	<0,001
Innerhalb der Gruppen	11150,634	268	41,607		
Gesamt	13120,620	270			

Tabelle 11.38 Testung auf Gleichheit der Summenscores zwischen Restgruppe, Gruppe des beidseitigen Operierens und Gruppe des Seitenwechsels mittels nicht-parametrischer / robuster Tests

	Statistik	df1	df2	Sig.
Welch	29,876	2	170,846	<0,001
Brown-Forsythe	24,095	2	233,201	<0,001
Kruskal-Wallis	41,005	2	/	<0,001

verschiedene Verfahren zur Verfügung, die gängigsten stellen unter anderem die Bonferroni- und die Bonferroni-Holm-Korrektur dar (Bühner & Ziegler, 2017). Bei den ersten beiden Varianten wird das Signifikanz-Niveau in Abhängigkeit der durchgeführten Tests angepasst. Während die Bonferroni-Korrektur mit steigender Anzahl an Tests sehr strenge Anforderung an das Signifikanz-Niveau stellt, ist die Bonferroni-Holm-Korrektur etwas milder (Bühner & Ziegler, 2017). Da hier jedoch lediglich drei Gruppen paarweise miteinander verglichen werden, besteht zunächst kein Anlass zu einer milderen Korrektur zu greifen.

Nach Anwendung der Bonferroni-Korrektur zeigt sich im paarweisen Vergleich, dass sich der Mittelwert der Gruppe des beidseitigen Operierens signifikant von den anderen beiden Gruppen unterscheidet (Tabelle 11.39). Zwischen der Gruppe des Seitenwechsels und der Restgruppe wird kein signifikanter Unterschied festgestellt. Im Mittel haben Personen, die Äquivalenzumformungen als beidseitiges Operieren im Sinne der Waageregeln beschreiben, fünf bis sechs Items mehr korrekt gelöst als Personen der anderen Gruppen.

Tabelle 11.39 Paarweiser Vergleich der Mittelwerte mit Bonferroni-Korrektur

I	J	Mittelwertdifferenz (I-J)	Std.-Fehler	Sig.	95 % Konfidenzintervall	
					Untergrenze	Obergrenze
Restgruppe	Seitenwechsel	−1,652	0,935	0,235	−3,90	0,60
	beidseitiges Operieren	−6,714*	1,018	<0,001	−9,17	−4,26
Seitenwechsel	beidseitiges Operieren	−5,062*	0,958	<0,001	−7,37	−2,75

*. Die Mittelwertdifferenz ist in Stufe 0,05 signifikant.

11.3.2 Mittelwertvergleich – beidseitiges Operieren, Restgruppe, einzelne Seitenwechselkategorien

Im vorangegangenen Abschnitt wurde gezeigt, dass sich die Mittelwerte der Gruppe der Kategorie beidseitiges Operieren signifikant von den anderen beiden Gruppen unterscheidet. Bei der Gruppenbildung wurden all jene Personen gruppiert, die ähnliches Wissen bzw. ähnliche Beschreibungen äußerten. Allerdings wurde oben (Abschnitt 11.2.4) aufgezeigt, dass die Unterkategorien des Seitenwechsels sich unterschiedlich gut in den Zusammenhang der Elementarumformungsregeln bringen lassen. Daher werden an dieser Stelle weitere Mittelwertvergleiche durchgeführt, wobei die Unterkategorien zum Seitenwechsel jeweils einzeln betrachtet werden.

11.3.2.1 Deskriptiver Vergleich

Die Gruppenstärken der Restgruppe (n = 84), sowie der Gruppe des beidseitigen Operierens (n = 77) bleiben im Vergleich zur vorangegangenen Analyse unverändert. Die Gruppe des Seitenwechsels, die nun differenziert betrachtet wird, weist eine relativ große Gruppe auf – jene die den Seitenwechsel mit einem Rechenzeichen beschreiben auf (n = 66). Die anderen beiden Gruppen weisen die gleiche Größe von (n = 22) auf.

Das Minimum korrekt gelöster Items liegt mit einer Ausnahme bei allen Gruppen bei keinem bzw. einem Item (Tabelle 11.40). Das höchste Minimum weist die Gruppe auf, die die Umformung als Seitenwechsel mit Rechenzeichenwechsel beschreiben. Drei der fünf unterschiedenen Gruppen enthielten Personen, die alle Items korrekt gelöst haben, während das Maximum der anderen beiden Gruppen jedoch lediglich eins niedriger ist.

Die Anzahl der durchschnittlich korrekt gelösten Items reicht von 11,86 bis zu 18,57 (Tabelle 11.40). Das Minimum bildet hierbei die Restgruppe, während die Gruppe des beidseitigen Operierens das Maximum einnimmt. Die beiden Gruppen an Personen die einen Seitenwechsel mit einem bzw. ohne Rechenzeichen beschrieben, weisen nahezu identische Mittelwerte von 13,08 bzw. 13,23 auf. Etwas höher und damit den zweithöchsten Wert nimmt die Gruppe des Seitenwechsels durch Rechenzeichenwechsel mit 15,09 ein.

Die Standardabweichungen reichen von 4,897 bis hin zu 7,607 (Tabelle 11.40). Auffällig ist hierbei, dass die Gruppe mit dem geringsten Mittelwert die größte Standardabweichung und die Gruppe mit dem höchsten Mittelwert die geringste Standardabweichung aufweist. Die verbleibenden drei Gruppen weisen ähnliche Standardabweichungen zwischen sechs und sieben auf.

Tabelle 11.40 Minimum, Maximum, Mittelwert und Standardabweichung der unterschiedlichen Gruppen bezogen auf Anzahl korrekt gelöster Items (Summenscore)

	N	Min.	Max.	Mittelwert	Std.-Abweichung
Summenscore der Restgruppe	84	0	24	11,86	7,607
Summenscore der Personen in Kategorie Seitenwechsel ohne Rechenzeichen	22	1	24	13,23	6,725
Summenscore der Personen in Kategorie Seitenwechsel mit einem Rechenzeichen	66	0	23	13,08	6,465
Summenscore der Personen in Kategorie Seitenwechsel mit Rechenzeichenwechsel	22	5	23	15,09	6,133
Summenscore der Gruppe beidseitiges Operieren	77	1	24	18,57	4,897

Bei grafischer Betrachtung der Verteilung der Daten mittels Boxplot lässt sich feststellen, dass sich in der Restgruppe die Anzahl korrekt gelöster Items relativ gleichmäßig auf das gesamte Spektrum verteilt (Abbildung 11.2). Die Gruppen des Seitenwechsels ohne bzw. mit einem Rechenzeichen erscheinen relativ ähnlich zueinander und weisen kaum große Unterschiede zur Restgruppe auf. Allerdings konzentrieren sich die Daten in einem etwas höheren Bereich. Die Gruppe des Seitenwechsels durch Rechenzeichenwechsel verhält sich ähnlich zu den zuletzt beschriebenen Gruppen mit dem Unterschied, dass mindestens 5 Items korrekt gelöst wurden, so dass der unterste Bereich des Spektrums nicht vertreten ist. Die meisten Besonderheiten weist die Gruppe des beidseitigen Operierens auf. Hier konzentrieren sich die Werte stärker im oberen Bereich der Skala, während alle Werte kleiner 10 als Ausreißer beschrieben werden. Dies in Kombination damit, dass diese Gruppe den höchsten Mittelwert und die geringste Varianz bzw. Standardabweichung aufweist, lässt diese Gruppe auf deskriptiver Ebene als die leistungsstärkste erscheinen. Im nächsten Abschnitt wird dies näher untersucht und die Mittelwertunterschiede hinsichtlich ihrer Signifikanz geprüft.

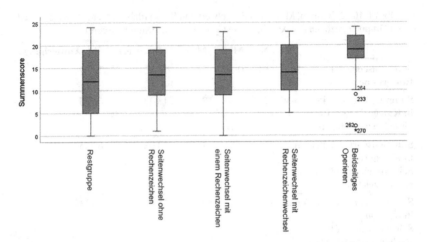

Abbildung 11.2 Boxplots zu den Summenscores der Restgruppe, Gruppe des beidseitigen Operierens, sowie den drei Gruppen des Seitenwechsels

11.3.2.2 ANOVA

Der Shapiro-Wilk-Test ist mit einer Ausnahme für alle Kategorien signifikant (Tabelle 11.41), so dass auch hier von der Verletzung der Normalverteilungsannahme auszugehen ist.

Tabelle 11.41 Prüfung der Summenscores der Restgruppe, Gruppe des beidseitigen Operierens, sowie den drei Gruppen des Seitenwechsels auf Normalverteilung mittels Shapiro-Willk-Test

		Statistik	df	Signifikanz
Summenscore	**Restgruppe**	0,925	84	<0,001
	Seitenwechsel ohne Rechenzeichen	0,962	22	0,528
	Seitenwechsel mit einem Rechenzeichen	0,943	66	0,005
	Seitenwechsel mit Rechenzeichenwechsel	0,904	22	0,035
	beidseitiges Operieren	0,880	77	<0,001

Auch die Tests auf Homogenität der Varianzen sind durchweg signifikant, weshalb von heterogenen Varianzen auszugehen ist (Tabelle 11.42).

Tabelle 11.42 Prüfung der Nullhypothese auf Gleichheit der Summenscores der Restgruppe, Gruppe des beidseitigen Operierens, sowie den drei Gruppen des Seitenwechsels mittels Levene-Test

Levene-Statistik		df1	df2	Sig.
Summenscore	**basiert auf dem Mittelwert**	7,685	4	266	<0,001
	basiert auf dem Median	7,863	4	266	<0,001
	basierend auf dem Median und mit angepassten df	7,863	4	261,137	<0,001
	basiert auf dem getrimmten Mittel	8,000	4	266	<0,001

Da auch bei diesem Vergleich die Voraussetzungen nur in Teilen erfüllt sind, werden die Ergebnisse der ANOVA mit robusten und nicht-parametrischen Verfahren verglichen, um diese abzusichern. Hierbei gelangen alle Tests zu dem Ergebnis, dass sich mindestens zwei Mittelwerte signifikant unterscheiden (Tabelle 11.43; Tabelle 11.44). Die ANOVA zeigt ein ETA-Quadrat von 0,155 was auch hier einem großen Effekt entspricht.

Tabelle 11.43 Ergebnisse der ANOVA zur Testung auf Gleichheit der Summenscores zwischen der Restgruppe, Gruppe des beidseitigen Operierens, sowie den drei Gruppen des Seitenwechsels

	Quadratsumme	df	Mittel der Quadrate	F	Sig.
Zwischen den Gruppen	2039,174	4	509,794	12,237	<0,001
Innerhalb der Gruppen	11081,446	266	41,660		
Gesamt	13120,620	270			

Tabelle 11.44 Testung auf Gleichheit der Summenscores zwischen Restgruppe, Gruppe des beidseitigen Operierens und den drei Gruppen des Seitenwechsels mittels nicht-parametrischer / robuster Tests

	Statistik	df1	df2	Sig.
Welch	14,962	4	77,566	<0,001
Brown-Forsythe	12,372	4	152,994	<0,001
Kruskal-Wallis	42,467	4	/	<0,001

Um der Frage nachzugehen, welche Mittelwerte sich signifikant unterscheiden, wird ein paarweiser Vergleich durchgeführt und auf eine Bonferroni-Korrektur zurückgegriffen, um das Signifikanzniveau anzupassen. Da hier zehn Vergleiche durchgeführt werden, kann die Bonferroni-Korrektur zu streng ausfallen. Die mildere Bonferroni-Holmes-Korrektur führt in den gleichen Fällen zur Annahme bzw. Ablehnung der Hypothesen bezüglich der Mittelwertgleichheit. Auf die Auflistung letzterer Korrektur wird an dieser Stelle verzichtet. Um die Strenge zu berücksichtigen, werden zusätzlich die unkorrigierten Signifikanztests berichtet. Dies lässt zudem weitere Hypothesen zu.

Unter Berücksichtigung der Bonferroni-Korrektur unterscheiden sich lediglich die Mittelwerte der Personen, die eine Antwort im Sinne des beidseitigen Operierens gegeben haben von anderen Mittelwerten (Tabelle 11.45). Dabei ist anzumerken, dass sie sich nicht mehr in jedem Falle unterscheidet. So kann nach der Korrektur kein signifikanter Unterschied zwischen dem Seitenwechsel mit Rechenzeichenwechsel und dem beidseitigen Operieren festgestellt werden. Zusätzlich auffällig ist der Vergleich zwischen der Gruppe des Seitenwechsels durch Rechenzeichenwechsel mit der Restgruppe, der zwar nicht signifikant ist, aber einen relativ niedrigen Wert aufweist. In der unkorrigierten Variante sind diese Unterschiede jedoch signifikant.

Tabelle 11.45 Paarweiser Vergleich der Mittelwerte mit Bonferroni-Korrektur und ohne Korrektur (letzte Spalte)

(I) Seitenwechsel differenziert	(J) Seitenwechsel differenziert	Mittelwertdifferenz (I-J)	Std.-Fehler	Sig.	95 % Konfidenzintervall		Sig. unkorrigiert
					Untergrenze	Obergrenze	
ohne Rechenzeichen verschoben	Restgruppe	1,370	1,546	1,000	−3,01	5,75	0,376
mit einem Rechenzeichen rüberbringen	Restgruppe	1,219	1,062	1,000	−1,79	4,22	0,252
	ohne Rechenzeichen verschoben	−,152	1,589	1,000	−4,65	4,35	0,924
mit Rechenzeichenwechsel	Restgruppe	3,234	1,546	,374	−1,14	7,61	0,037
	ohne Rechenzeichen verschoben	1,864	1,946	1,000	−3,65	7,37	0,339
	mit einem Rechenzeichen rüberbringen	2,015	1,589	1,000	−2,48	6,51	0,206
beidseitiges Operieren	Restgruppe	6,714*	1,018	<,001	3,83	9,60	<0,001
	ohne Rechenzeichen verschoben	5,344*	1,560	,007	,93	9,76	<0,001
	mit einem Rechenzeichen rüberbringen	5,496*	1,083	<,001	2,43	8,56	<0,001
	mit Rechenzeichenwechsel	3,481	1,560	,265	−,94	7,90	0,027

11.3.3 Diskussion der Mittelwertvergleiche

Im Rahmen von Forschungsfrage 3 ist von Interesse, ob sich Personengruppen auf Grund des geäußerten Wissens in den Beschreibungen in ihrer Leistung unterscheiden. Zur Untersuchung dieser Frage wurden zwei Gruppen gebildet, die sich entweder mit Waage- oder Elementarumformungsregeln in Verbindung bringen lassen (Abschnitt 4.2, Abschnitt 11.2). Zusätzlich ergab sich eine dritte Gruppe an Beschreibungen, die sich nicht eindeutig mit einem der beiden Regeltypen in Verbindung bringen ließen. Im Anschluss wurde die Gruppe bezüglich des Seitenwechsels in Teilgruppen zerlegt, um eine detailliertere Analyse zuzulassen. In beiden Vergleichen konnte jeweils die Hypothese der Mittelwertgleichheit der verschiedenen Gruppen, bei hoher Effektstärke, verworfen werden.

In beiden Mittelwertvergleichen sticht die Gruppe, die Äquivalenzumformungen im Sinne der Waageregeln beschrieben hat, hervor. Im Mittel haben die Personen jener Gruppe signifikant mehr Aufgaben zum Umformen korrekt gelöst, als die anderen Gruppen. Dies deutet darauf hin, dass der Grundsatz „auf beiden Seiten das Gleiche tun" der tragfähigere bzw. tragfähigste ist.

Bei der differenzierten Betrachtung des Seitenwechsels lassen sich keine signifikanten Unterschiede zwischen den verschiedenen Subkategorien finden. Allerdings ist der Seitenwechsel durch Rechenzeichenwechsel auffällig. Der Mittelwert dieser Gruppe unterscheidet sich unter Berücksichtigung der Korrekturmaßnahmen nicht signifikant von der Gruppe des beidseitigen Operierens. Allerdings ist hierbei zu berücksichtigen, dass dieser Umstand der explorativen Vorgehensweise geschuldet sein kann, da sich die Mittelwerte ohne Korrekturmaßnahme signifikant unterscheiden. Beim unkorrigierten Vergleich wiederum unterscheidet sich der Seitenwechsel durch Rechenzeichenwechsel signifikant von der Restgruppe, so dass sich auch hier diese Subkategorie des Seitenwechsels gegenüber den anderen hervortut. Auf Basis der vorliegenden Daten lässt dies nur bedingt empirisch belastbare Schlüsse zu. Nicht zuletzt, da hier Effekte auf Grund der Beschulung auftreten können. Allerdings lässt sich die Hypothese formulieren, dass der Seitenwechsel durch Rechenzeichenwechsel den anderen Wissenstypen zum Seitenwechsel überlegen ist und ähnlich tragfähig ist, wie die das beidseitige Operieren. Begründen lässt sich die Hypothese dadurch, dass der Seitenwechsel durch Rechenzeichenwechsel die einzige Kategorie des Seitenwechsels ist, bei der ein korrektes Antwortverhalten beschrieben wird, das sich unmittelbar in Zusammenhang mit syntaktischen Regeln – den Elementarumformungsregeln – bringen lässt.

Zusammenfassung und abschließende Diskussion

Im Zentrum der Arbeit steht der Begriff der Äquivalenzumformung, der zunächst im Kontext des Lösens von Gleichungen diskutiert wurde (Kapitel 2). Hier konnte herausgestellt werden, dass Äquivalenzumformungen zum Lösen genutzt werden können. Allerdings existieren weitere Verfahren zur Ermittlung von Lösungsmengen, so dass das Lösen mittels Äquivalenzumformung eine Teilmenge des Lösens von Gleichungen darstellt und die beiden Begriffe keineswegs synonym verwendet werden können. Dabei ist hervorzuheben, dass Äquivalenzumformungen eine besondere Stellung unter den Lösungsverfahren einnehmen, weil sie es ermöglichen Gleichungen, bei denen Variablen auf beiden Seiten der Gleichung auftreten, effizienter zu lösen. Andere Verfahren eignen sich bei Gleichungen dieser Art nur noch bedingt.

Nach der Abgrenzung vom Lösen von Gleichungen wurden Äquivalenzumformungen als eigenständiger Begriff diskutiert (Kapitel 3). Zentral bei der Diskussion ist die Definition, wie sie bspw. Vollrath & Weigand (2007) anführen, als Umformung einer Gleichung ohne Auswirkung auf die Lösungsmenge. In der Praxis findet sich allerdings eher ein regelgeleiteter Zugang zu Äquivalenzumformungen, der nicht von der Definition ausgeht, sondern von Regeln zum Umformen von Gleichungen. Zentrale Regelsätze sind hierbei die Waage- und die Elementarumformungsregeln. Eine Untersuchung unterschiedlicher Schulbücher zeigte, dass Waageregeln genutzt werden, um Äquivalenzumformungen zu thematisieren.

Im Anschluss an die eher fachmathematisch orientierte Diskussion des Begriffs der Äquivalenzumformungen, wurde dieser Begriff unter Verwendung eines sprachwissenschaftlich orientierten Rahmens mit Blick auf das Individuum und die Schulpraxis diskutiert (Kapitel 4). Die Mathematik kann auf syntaktischer

Ebene als eigenständige Symbolsprache angesehen werden, die ihren eigenen Regeln und Konventionen folgt (Abschnitt 4.1). Hierbei stellen Äquivalenzumformungen Regeln dar, die es erlauben Ausdrücke auf symbolischer Ebene zu manipulieren. Daher gilt es diese Regeln zu kennen, um adäquat auf symbolischer Ebene operieren zu können, weshalb hier ein Regelwissen von Bedeutung ist. Auf semantischer Ebene wurde diskutiert, in welcher Art dieses Wissen kognitiv repräsentiert wird (Abschnitt 4.2). Im mathematik-didaktischen Diskurs haben sich deskriptive Grundvorstellungen zu diesem Zwecke etabliert. Es lässt sich zudem ein normatives Gegenstück beschreiben, als Grundvorstellungen die Lernende zu einem konkreten Begriff aufbauen sollen. Mit Blick auf Äquivalenzumformungen wurden die Grundvorstellungen als Handlungen an Modellen von Gleichungen erläutert. Zentral ist hier, dass es bei den Vorstellungen weniger um die Modelle als um die Handlung selbst geht. Diese Handlungen können für die Waageregeln als „auf beiden Seiten das Gleiche tun" und für die Elementarumformungsregeln als Bewegung nach dem Grundsatz „Seitenwechsel durch Rechenzeichenwechsel" beschrieben werden.

Auf Ebene der Pragmatik wurde die Anwendung von Äquivalenzumformungen diskutiert (Abschnitt 4.3). Hier wurden Lösen, Normieren und Umstellen von Gleichungen als mögliche Anwendungsbereiche in den Blick genommen. Verglichen wurden diese hinsichtlich Ausgang, Ziel und Zweck der Umformung sowie Kontext, auftretende Gleichungs- und Variablentypen. Auf Basis dieser Überlegungen wurde eine Datenerhebung geplant, um die Bedeutsamkeit der Unterscheidung in den Anwendungen zu untersuchen, um einen Einblick davon zu gewinnen, wie Lernende Äquivalenzumformungen repräsentieren und um festzustellen, ob die Art des Wissens bzw. der Beschreibungen im Zusammenhang mit der Umformungsfertigkeit steht. Zur Untersuchung dieser Fragen konnten 271 Schülerinnen und Schüler aus bayerischen Realschulen und Gymnasien gewonnen werden.

Die Bedeutsamkeit dieser Unterscheidung der Anwendungen wurde in der ersten Forschungsfrage untersucht und unterschiedliche Modelle zur Beschreibung der Umformungsfertigkeit mittels konfirmatorischer Faktorenanalyse verglichen (Abschnitt 11.1). Die Modellierung der Umformungsfertigkeit mittels dreier latenter Variablen erwies sich als die tauglichste. Hieraus lässt sich die Bedeutsamkeit der Unterscheidung der Anwendungsbereiche ableiten. Es scheint für Lernende einen Unterschied zu machen, ob Gleichungen gelöst, normiert oder umgestellt werden. Dass zwischen den latenten Variablen teilweise große Zusammenhänge bestehen, ist nur bedingt überraschend, da die zugrundeliegende

Tätigkeit die gleiche ist, nämlich die Anwendung von Äquivalenzumformungen. Allerdings lässt sich als Konsequenz hieraus ableiten, dass beim Lösen von Gleichungen erworbene Fertigkeiten und Fähigkeiten sich nicht unmittelbar auf das Normieren oder Umstellen übertragen lassen. Folglich scheint es ratsam im Unterricht die Parallelen aufzuzeigen und die Anwendung der Äquivalenzumformungen im jeweiligen Anwendungsbereich explizit zu thematisieren.

Ein weiterer Gegenstand dieser Arbeit war die Frage nach der mentalen Repräsentation von Äquivalenzumformungen bei Lernenden (Abschnitt 11.2). Hierbei konnte festgestellt werden, dass der größte Stichprobenanteil (n = 110) der Lernenden am Ende der Sekundarstufe I Äquivalenzumformungen als eine Art Bewegung deutet, wie sie sich aus den Elementarumformungsregeln ableiten lässt. Hierbei konnten drei Varianten in den Beschreibungen identifiziert werden. Eine erste beschreibt den Seitenwechsel mit Änderung des Rechenzeichens, welche die Elementarumformungsregeln relativ genau beschreiben. In den anderen beiden Varianten findet der Seitenwechsel unter Verwendung eines oder ohne Bezug auf ein Rechenzeichen statt. Hier ist nicht auszuschließen, dass hier Waageregeln in verkürzter Form genutzt werden und lediglich die Formulierung eine Zuordnung verhindert. Allerdings ließ sich auch eine kleine Gruppe (n = 6) identifizieren, die den Seitenwechsel mittels beidseitiger Operation begründet. Sie sind Teil der kleinsten Obergruppe (n = 77), die Äquivalenzumformungen im Sinne eines beidseitigen Operierens beschrieben. Hier konnten zwei Varianten identifiziert werden. In einer Variante findet die beidseitige Operation in einem Schritt, also gewissermaßen zeitgleich, statt. In der anderen Variante wird diese Art der Operation von einer relativ kleinen Personenzahl (n = 13) in zwei Schritten nach dem Grundsatz „was auf einer Seite der Gleichung gemacht wird, muss auch auf der anderen getan werden" beschrieben. Die Unterscheidung dieser beiden Varianten erfolgte lediglich auf deskriptiver Ebene und scheint auf den ersten Blick vielleicht nicht bedeutsam. Allerdings soll dieser Fund nicht unerwähnt bleiben, da die Diskussion und Nutzung des Waagemodells im Unterricht weiterer Untersuchung bedarf und diese Unterscheidung eine weitere Möglichkeit zur Diskussion des Modells aufweist, die sich aus den Denkweisen Lernender ableiten lässt. Die Beschreibungen der Restgruppe (n = 84) konnten weder einer Umformung im Sinne einer Bewegung oder des beidseitigen Operierens zugeordnet werden. Hier gab es einen kleinen Teil (n = 5), der die Umformung inhaltlich begründete. Dominant war jedoch, dass eine Operation mit -2 genannt wurde (n = 49), wobei nicht ersichtlich ist, wie diese Operation vollzogen wird. Unter den verbleibenden Personen fanden sich Antworten symbolischer Art oder mit Bezug auf einen „Kommandostrich". Eine kleine Anzahl an Personen (n = 3) ließ die Frage unbeantwortet. Da in dieser Restgruppe keine nachvollziehbare Deutung von Äquivalenzumformungen identifizierbar ist und vor allen Dingen Deutungen im Zusammenhang mit Waage- und Elementarumformungsregeln von Interesse sind, werden diese in den folgenden Analysen gemeinsam betrachtet.

Um zu prüfen, ob sich die Schülerinnen und Schülern in Abhängigkeit von den zuvor beschriebenen Wissensarten auch in der Leistung beim Umformen von Gleichungen unterscheiden, wurde ein Mittelwertvergleich durchgeführt (Abschnitt 11.3). Dieser fand zunächst auf Basis der zuvor genannten Hauptkriterien statt, was zum Vergleich zwischen den Gruppen, Umformungen als beidseitiges Operieren, Umformungen als Seitenwechsel und der Restgruppe führte. Hierbei lag der Mittelwert der Gruppe des beidseitigen Operierens signifikant über jenen der anderen beiden Gruppen, welche sich wiederum nicht signifikant voneinander unterschieden. Dies deutet darauf hin, dass im Unterricht auf die Ausbildung der Vorstellung des beidseitigen Operierens hingearbeitet werden sollte.

Da in der Gruppe des Seitenwechsels unterschiedliche Varianten identifiziert wurden, von der sich lediglich eine direkt in Verbindung mit den Elementarumformungsregeln bringen lässt, wurde ein weiterer Mittelwertvergleich durchgeführt, bei welchem diese Untergruppen einzeln betrachtet wurden. Hier hebt sich die Gruppe des beidseitigen Operierens mit einer Ausnahme weiterhin positiv signifikant von den anderen Personengruppen ab. Die Ausnahme fasst den Vergleich zwischen den Mittelwerten des beidseitigen Operierens und des Seitenwechsels mit Rechenzeichenwechsel, welcher nach Korrektur des Signifikanzniveaus auf Grund des mehrfachen Vergleichs, keine Signifikanz aufweist. In allen anderen Vergleichen lassen sich keine signifikanten Unterschiede feststellen. Nun kann dies auch als Resultat des explorativen Vorgehens gesehen werden, da der Unterschied zwischen diesen beiden Gruppen ohne Korrektur signifikant ist. Bei Betrachtung der unkorrigierten Signifikanzen lässt sich jedoch auch feststellen, dass sich die Gruppe des Seitenwechsels durch Rechenzeichenwechsel signifikant von der Restgruppe unterscheidet, aber nicht von den anderen Gruppen des Seitenwechsels. Die Gruppe des Seitenwechsels durch Rechenzeichenwechsel erscheint also in beiden Szenarien besonders, was als eine Art Stellung zwischen dem beidseitigen Operieren und den anderen Gruppen interpretiert werden kann. Diese Gruppe zeichnet sich dadurch aus, dass hier eine relativ explizite Verbindung zu den Elementarumformungsregeln erkennbar ist, während in den anderen Gruppen des Seitenwechsels und der Restgruppe keine eindeutige Beziehung zu Waage- oder Elementarumformungsregeln möglich ist. Hieraus lässt sich die These ableiten, dass eine adäquate und korrekte Repräsentation der Regeln ausschlaggebend für die Leistung beim Umformen von Gleichungen ist. Die zuvor vermeintlich festgestellte Überlegenheit des beidseitigen Operierens gegenüber einem Seitenwechsel mit Bezug zu Elementarumformungsregeln kann daher in Frage gestellt werden. Hält man jedoch an der Überlegenheit des beidseitigen Operierens fest, so bleibt die zuvor formulierte Folgerung die gleiche, dass Lernende diese mentale Repräsentation aufbauen sollen. Allerdings sollte nicht außer Acht gelassen werden, dass die Vorstellung des Seitenwechsels in der Untersuchung am häufigsten auftrat und der Seitenwechsel durch Rechenzeichenwechsel als eine Art Zwischenstufe zu fungieren scheint. Dies kann Anlass genommen werden, den Aufbau von Grundvorstellungen zu Äquivalenzumformungen als Entwicklungsprozess (Abschnitt 4.2.1.4) zu betrachten. Daraus ergibt sich dann eher die Frage, wie Lernende zunächst eine adäquate Vorstellung des Seitenwechsels aufbauen können und daran anschließend diese Vorstellung um die Idee des beidseitigen Operierens ergänzen können. Dies entspricht im Kern den Ausführungen Malles (1993), der einen solchen Weg vorschlägt. Dieser Ansatz würde auch jenen widersprechen, die sich alleinig auf das Waagemodell bzw. die Idee des beidseitigen Operierens fokussieren. Vielmehr sollte dann diskutiert werden, wie das Waagemodell und die damit verbundenen Vorstellungen in Beziehung zum Vorwissen gesetzt werden können.

Bei der Diskussion der hier aufgeführten Ergebnisse darf nicht außer Acht gelassen werden, dass im Rahmen der Forschungsfragen 2 und 3 ein explorativer Ansatz verfolgt wurde und sich hier eher Hypothesen ableiten als bestätigen oder falsifizieren lassen. Außerdem ist anzumerken, dass zwar ein Querschnitt der Jahrgänge 9 und 10 von Realschulen sowie Gymnasien angestrebt wurde, dieser aber nicht zwingend als repräsentativ angesehen werden kann. Nichtsdestotrotz ist die vorliegende Untersuchung von Bedeutung. Es konnte gezeigt werden, dass die Fertigkeit Gleichungen umzuformen nicht unmittelbar auf neue Anwendungsbereiche übertragbar ist. Zudem konnte festgestellt werden, dass trotz weit zurückreichender Tradition des Waagemodells und den damit verbundenen Waageregeln, die Idee des Seitenwechsels, welche auf den Elementarumformungsregeln fußt, in einer nicht zu vernachlässigenden Größenordnung bei den Schülerinnen und Schülern der Jahrgangsstufen 9 und 10 vertreten ist. Auf Basis der vorliegenden Daten scheint es, dass die Idee des beidseitigen Operierens zu favorisieren ist, da sie mit den besten Leistungen einhergeht. Allerdings ist nicht klar, ob dies lediglich ein Resultat von fehlerbehaftetem Wissen in den

Vergleichsgruppen ist. Daher wäre in einer gesonderten Untersuchung der Frage nachzugehen, ob der Seitenwechsel durch Rechenzeichenwechsel der Idee des beidseitigen Operierens wirklich unterlegen ist. Über die Forschungsergebnisse hinaus ist diese Arbeit auch für die mathematikdidaktische Forschung im Allgemeinen von Bedeutung, da hier der Begriff der Äquivalenzumformung zentral als eigenständiges Konzept in den Vordergrund gerückt wurde, anstatt ihn wie sonst im Kontext einer Anwendung (bspw. des Lösens von Gleichungen) oder Diskussion von (einzelnen) Modellen zu betrachten. Die empirischen Ergebnisse zeigen, dass ein solches Vorgehen durchaus sinnvoll sein kann und sich die Frage nach weiteren, ähnlichen Desideraten stellt.

Literatur

Arcavi, A., Drijvers, P., & Stacey, K. (2017). *The Learning and Teaching of Algebra. Ideas, Insights, and Activites.* Routledge.

Arens, T., Hettlich, F., Karpfinger, C., Kockelkorn, U., Lichtenegger, K., & Stachel, H. (2015). *Mathematik.* Springer-Verlag. https://doi.org/10.1007/978-3-642-44919-2

Backhaus, K., Erichson, B., & Weiber, R. (2015). *Fortgeschrittene Multivariate Analysemethoden – Eine anwendungsorientierte Einführung.* Springer.

Bagozzi, R. P., & Yi, Y. (1988). On the Evaluation of Structural Equation Models. *Journal of the Academy of Marketing Science, 16*(1), 74–94. https://doi.org/10.1080/107055107 01758406

Barth, A. P. (2013). *Algorithmik für Einsteiger.* Springer. https://doi.org/10.1007/978-3-658-02282-2

Barzel, B., & Holzäpfel, L. (2011). Gleichungen verstehen. *mathematiklehren, 169,* 2–7. Friedrich Verlag.

Bayerisches Staatsministerium für Unterricht und Kultus (2008). *Lehrplan für die sechsstufige Realschule.*

Bearden, W. O., Netemeyer, R. G., & Teel, J. E. (1989). Measurement of Consumer Susceptibility to Interpersonal Influence. *Journal of Consumer Research, 15*(4), 473–481.

Beyer, R., & Gerlach, R. (2018). *Sprache und Denken.* Springer. https://doi.org/10.1007/978-3-658-17488-0

Browne, M. W., & Cudeck, R. (1992). Alternative Ways of Assessing Model Fit. *Sociological Methods & research, 21*(2), 230–258. https://doi.org/10.1177/0049124192021002005

Bruder, R., Brunner, E., & Siller, H.-S. (2021). Unterrichtsforschung unter fachlichen Perspektiven – Mathematik. In T. Hascher, T.-S. Idel & W. Helsper (Hrsg.), *Handbuch Schulforschung.* Springer. https://doi.org/10.1007/978-3-658-24734-8_49-1

Bühner, M. (2021). *Einführung in die Test- und Fragebogenkonstruktion* (4. Auflage). Pearson.

Bühner, M., & Ziegler, M. (2017). *Statistik für Psychologen und Sozialwissenschaftler.* Pearson.

Cohen, J. (1988). *Statistical Power Analysis for the Behavioral Sciences* (Second Edition). Lawrence Erlbaum Associates.

© Der/die Herausgeber bzw. der/die Autor(en), exklusiv lizenziert an Springer Fachmedien Wiesbaden GmbH, ein Teil von Springer Nature 2023
N. Noster, *Deutungen und Anwendungen von Äquivalenzumformungen,* Studien zur theoretischen und empirischen Forschung in der Mathematikdidaktik, https://doi.org/10.1007/978-3-658-43280-5

Cronbach, L. J. (1951). Coefficient Alpha and the Internal Structure of Tests. *Psychometrika*, 16(3), 297–334.

Curran, P. J., Finch, J. F., & West, S. G. (1996). The Robustness of Test Statistics to Nonnormality and Specification Error in Confirmatory Factor Analysis. *Psychological Methods*, 1(1), 16–29.

Döring, N., & Bortz, J. (2016a). Datenanalyse. In N. Döring & J. Bortz (Hrsg.), *Forschungsmethoden und Evaluation in den Sozial- und Humanwissenschaften* (5. Auflage, S. 597–784). Springer.

Döring, N., & Bortz, J. (2016b). Datenerhebung. In N. Döring & J. Bortz (Hrsg.), *Forschungsmethoden und Evaluation in den Sozial- und Humanwissenschaften* (5. Auflage, S. 321–578). Springer.

Döring, N., & Bortz, J. (2016c). Operationalisierung. In N. Döring & J. Bortz (Hrsg.), *Forschungsmethoden und Evaluation in den Sozial- und Humanwissenschaften* (5. Auflage, S. 221–263). Springer.

Döring, N., & Bortz, J. (2016d). Qualitätskriterien in der empirischen Sozialforschung. In N. Döring & J. Bortz (Hrsg.), *Forschungsmethoden und Evaluation in den Sozial- und Humanwissenschaften* (5. Auflage, S. 81–120). Springer.

Döring, N., & Bortz, J. (2016e). Stichprobenziehung. In N. Döring & J. Bortz (Hrsg.), *Forschungsmethoden und Evaluation in den Sozial- und Humanwissenschaften* (5. Auflage, S. 291–320). Springer.

Döring, N., & Bortz, J. (2016f). Untersuchungsdesign. In N. Döring & J. Bortz (Hrsg.), *Forschungsmethoden und Evaluation in den Sozial- und Humanwissenschaften* (5. Auflage, S. 181–220). Springer.

Drouhard, J.-P., & Teppo, A. R. (2004): Symbols and Language. In K. Stacey, H. Chick & M. Kendal (Hrsg.), The future of the teaching and learning of algebra. *The 12th ICMI study* (S. 227–264). Boston: Kluwer Academic Publishers.

Duden (2023a). Wörterbuch. *algorithmisch*. Cornelsen. https://www.duden.de/rechtschreib ung/algorithmisch

Duden (2023b). Wörterbuch. *Routine*. Cornelsen. https://www.duden.de/rechtschreibung/ Routine

Ernest, P. (1987). A model of the cognitive meaning of mathematical expressions. *British Journal of Educational Psychology*, 57, 343–370. https://doi.org/10.1111/j.2044-8279. 1987.tb00862.x

Feudel, F., & Biehler, R. (2021). Students' Understanding of the Derivative Concept in the Context of Mathematics for Economics. *Journal für Mathematik-Didaktik*, 42, 273–305 (2021). https://doi.org/10.1007/s13138-020-00174-z

Filloy, E., Puig, L., & Rojano, T. (2008). *Educational Algebra*. Springer.

Fischer, R. (1984). Geometrie der Terme oder Elementare Algebra vom visuellen Standpunkt aus. *Schriftenreihe zur Didaktik der Mathematik der Österreichischen Mathematischen Gesellschaft, 11*, 29–44.

Freudenthal, H. (2002). *Didactical Phenomenology of Mathematical Structures*. Kluwer.

Gäde, J. C., Schermelleh-Engel, K., & Brandt H. (2020). Konfirmatorische Faktorenanalyse (CFA). In H. Moosbrugger & A. Kelava (Hrsg.), *Testtheorie und Fragebogenkonstruktion* (3. Auflage, S. 615–660). Springer. https://doi.org/10.1007/978-3-662-61532-4_24

Greefrath, G., Oldenburg, R., Siller, H.-S., Ulm, V., & Weigand, H.-G. (2016a). Aspects and "Grundvorstellungen" of the Concepts of Derivative and Integral. *Journal für Mathematik-Didaktik, 37*(1), 99–129. https://doi.org/10.1007/s13138-016-0100-x

Greefrath, G., Oldenburg, R., Siller, H.-S., Ulm, V., & Weigand, H.-G. (2016b). *Didaktik der Analysis. Aspekte und Grundvorstellungen zentrale Begriffe.* Springer. https://doi.org/10.1007/978-3-662-48877-5

Griesel, H., vom Hofe, R., & Blum, W. (2019). Das Konzept der Grundvorstellungen im Rahmen der mathematischen und kognitionspsychologischen Begrifflichkeit in der Mathematikdidaktik. *Journal für Mathematik-Didaktik, 40,* 123–133. https://doi.org/10.1007/s13138-019-00140-4

Hefendehl-Hebeker, L., & Rezat, S. (2015). Algebra: Leitidee Symbol und Formalisierung. In R. Bruder, L. Hefendehl-Hebeker, B. Schmidt-Thieme & H.-G. Weigand (Hrsg.), *Handbuch der Mathematikdidaktik* (S. 117–148). Springer-Spektrum.

Henz, D., Oldenburg, R., & Schöllhorn, W. I. (2015). Does bodily movement enhance mathematical problem solving? Behavioral and neurophysiological evidence. In K. Krainer & N. Vondrová (Hrsg.), *Proceedings of CERME9* (S. 412–418).

Heymann, H. W. (2003). *Why Teach Mathematics?* Springer. https://doi.org/10.1007/978-94-017-3682-4

Hischer, H. (2020). *Studien zum Gleichungsbegriff.* Hildesheim: Franzbecker.

Hischer, H. (2021a). *Was ist eine Gleichung? Mitteilungen der Gesellschaft für Didaktik der Mathematik, 110,* 65–72.

Hischer, H. (2021b). Zur Äquivalenz von Gleichungen und von Ungleichungen. *Mitteilungen der Gesellschaft für Didaktik der Mathematik, 111,* 57–62.

Holey, T., & Wiedemann, A. (2016). *Mathematik für Wirtschaftswissenschaftler.* Springer.

Homburg, C., & Baumgartner, H. (1995). Beurteilung von Kausalmodellen – Bestandsaufnahme und Anwendungsempfehlungen. *Marketing: ZFP – Journal of Research and Management, 17*(3), 162–176.

Homburg, C., & Giering, A. (1996). Konzeptualisierung und Operationalisierung komplexer Konstrukte: Ein Leitfaden für die Marketingforschung. *Marketing: ZFP – Journal of Research and Management, 18*(1), 5–24.

Hu, L., & Bentler, P. M. (1998). Fit Indices in Covariance Structure Modeling: Sensitivity to Underparameterized Model Misspecification. *Psychological Methods, 3*(4), 424–453.

Hu, L., & Bentler, P. M. (1999). Cutoff criteria for fit indexes in covariance structure analysis: Conventional criteria versus new alternatives. *Structural Equation Modeling: A Multidisciplinary Journal, 6*(1), 1–55. https://doi.org/10.1080/10705519909540118

Jöreskog, K. G., & D. Sörbom (1982). Recent Developments in Structural Equation Modeling. *Journal of Marketing Research, 19*(4), 404–416.

Jörissen, S., & Schmidt-Thieme, B. (2015): Darstellen und Kommunizieren. In R. Bruder, L. Hefendehl-Hebeker, B. Schmidt-Thieme & H.-G. Weigand (Hrsg.), *Handbuch der Mathematikdidaktik* (S. 385–410). Springer-Spektrum.

Kadunz, G. (2010). Mathematikdidaktische Orientierung. In G. Kadunz (Hrsg.), *Sprache und Zeichen. Zur Verwendung von Linguistik und Semiotik in der Mathematikdidaktik* (S. 9–24). Franzbecker.

Kamata, A., & Bauer, D. J. (2008). A Note on the Relation Between Factor Analytic and Item Response Theory Models. *Structural Equation Modeling: A Multidisciplinary Journal, 15*(1), 136–153. https://doi.org/10.1080/10705510701758406

Kapon, S., Halloun, A., & Tabach, M. (2019). Incorporating a Digital Game into the Formal Instruction of Algebra. *Journal for Research in Mathematics Education, 50*(5), 555–591. https://doi.org/10.5951/jresematheduc.50.5.0555

Kieran, C. (1992). The learning and teaching of school algebra. In D. A. Grouws (Hrsg.), *Handbook of research on mathematics teaching and learning* (S. 390–419). Macmillan.

Kindt, M., Abels, M., Dekker, T., Meyer, M. R., Pligge, M. A., & Burrill, G. (2010). Comparing quantities. Teacher's Guide. In Wisconsin Center for Education Research & Freudenthal Institute (Hrsg.), *Mathematics in context*. Encyclopædia Britannica, Inc.

Kirsch, A. (1987): *Mathematik wirklich verstehen. Eine Einführung in ihre Grundbegriffe und Denkweisen*. Aulis-Verlag Deubner.

Kirshner, D. (1989). The Visual Syntax of Algebra. *Journal for Research in Mathematics Education, 20*(3), 274–287. https://doi.org/10.2307/749516

Klabunde, R. (2018a): Semantik – die Bedeutung von Wörtern und Sätzen. In S. Dipper, R. Klabunde & W. Mihatsch (Hrsg.), *Linguistik* (S. 105–126). Springer Nature.

Klabunde, R. (2018b): Was will die Linguistik und wozu? In S. Dipper, R. Klabunde & W. Mihatsch (Hrsg.), *Linguistik* (S. 1–22). Springer Nature.

Kleine, M., Jordan, A., & Harvey, E. (2005). With a focus on 'Grundvorstellungen' Part 1: a theoretical integration into current concepts. *ZDM – Mathematics Education, 37*(3), 226–233. https://doi.org/10.1007/s11858-005-0013-5

Kuckartz, U. (2016). *Qualitative Inhaltsanalyse. Methoden, Praxis, Computerunterstützung*. Beltz Juventa.

Kultusministerkonferenz (2022). Bildungsstandards für das Fach Mathematik Erster Schulabschluss (ESA) und Mittlerer Schulabschluss (MSA). https://www.kmk.org/fileadmin/Dateien/veroeffentlichungen_beschluesse/2022/2022_06_23-Bista-ESA-MSA-Mathe.pdf

Landis, J. R., & Koch, G. G. (1977). The Measurement of Observer Agreement for Categorical Data. *Biometrics, 33*(1), 159–174. https://doi.org/10.2307/2529310

Langemann, D., & Sommer, V. (2018). *So einfach ist Mathematik*. Berlin, Heidelberg: Springer. https://doi.org/10.1007/978-3-662-55823-2

Lauter, J., & Kuypers, W. (1976). *Mathematik für Gymnasien Sekundarstufe I. Band 4. Algebra I*. Schwann.

Linchevski, L., & Herscovics, N. (1996). Crossing the cognitive gap between arithmetic and algebra: operating on the unknown in the context of equations. *Educational Studies in Mathematics, 30*, 39–65.

Lorenz, J. H. (2017). Einige Anmerkungen zur Repräsentation von Wissen über Zahlen. *Journal für Mathematik-Didaktik, 38*, 125–139. https://doi.org/10.1007/s13138-016-0112-6

Malle, G. (1993). *Didaktische Probleme der elementaren Algebra*. Vieweg.

Marsh, H. W., Hau, K.-T., & Wen, Z. (2004). In Search of Golden Rules: Comment on Hypothesis-Testing Approaches to Setting Cutoff Values for Fit Indexes and Dangers in Overgeneralizing Hu and Bentler's (1999) Findings. *Structural Equation Modeling, 11*(3), 320–341. https://doi.org/10.1207/s15328007sem1103_2

Mayring, P. (2010). *Qualitative Inhaltsanalyse. Grundlagen und Techniken* (11. Auflage). Beltz.

Mayring, P. (2022). *Qualitative Inhaltsanalyse. Grundlagen und Techniken* (13. Auflage). Beltz.

Noster, N., Hershkovitz, A., Tabach, M., & Siller, H.-S. (2022). Learners' Strategies in Interactive Sorting Tasks. In I. Hilliger, P. J. Muñoz-Merino, T. De Laet, A. Ortega-Arranz &

T. Farrell: *Educating for a New Future: Making Sense of Technology-Enhanced Learning Adoption (EC-TEL)*. Springer Nature. https://doi.org/10.1007/978-3-031-16290-9_21

Nunnally, J. C. (1967). *Psychometric Theory.* McGraw-Hill.

Oldenburg, R. (2016). Stoffdidaktik konkret: Äquivalenz von Gleichungen. *Mitteilungen der Gesellschaft für Didaktik der Mathematik, 101*, 10–12.

Oldenburg, R. (2019). A classification scheme for variables. In U. T. Jankvist, M. Van den Heuvel-Panhuizen & M. Veldhuis (Hrsg.), *Proceedings the Eleventh Congress of the European Society for Research in Mathematics Education*. Utrecht: Freudenthal Group & Freudenthal Institute, Utrecht University and ERME. https://hal.science/hal-02416413

Oleksik, N. (2018). CAS im Unterricht – Visualisierungen rund um Gleichungen. In S. Gleich (Hrsg.), *Medien im Mathematikunterricht. MaMut – Materialien für den Mathematikunterricht (S.* 93–106). Franzbecker.

Oleksik, N. (2019). Transforming equations equivalently? – theoretical considerations of equivalent transformations of equations. In U. T. Jankvist, M. Van den Heuvel-Panhuizen & M. Veldhuis (Hrsg.), *Proceedings the Eleventh Congress of the European Society for Research in Mathematics Education*. Utrecht: Freudenthal Group & Freudenthal Institute, Utrecht University and ERME. https://hal.science/hal-02416421v1

Otten, M., Van den Heuvel-Panhuizen, M., & Veldhuis, M. (2019). The balance model for teaching linear equations: a systematic literature review. *International Journal of STEM Education, 6*(30). https://doi.org/10.1186/s40594-019-0183-2

Rost, J. (2004). *Lehrbuch Testtheorie – Testkonstruktion* (2. Auflage). Hans Huber.

Rothstein, B. (2018). Syntax – die Analyse des Satzes und seiner Bestandteile. In S. Dipper, R. Klabunde & W. Mihatsch (Hrsg.), *Linguistik (S.* 71–86). Springer Nature.

Seel, N. M. (2003). *Psychologie des Lernens.* Reinhardt.

Sill, H.-D., Kowaleczko, E., Leye, D., Lindstädt, M., Pietsch, E., Roscher, M., & Sikora, C. (2010). *Sicheres Wissen und Können – Arbeiten mit Variablen, Termen, Gleichungen und Ungleichungen – Sekundarstufe I*. Ministerium für Bildung, Wissenschaft und Kultur Mecklenburg- Vorpommern.

Staatsinstitut für Schulqualität und Bildungsforschung (2004). *Genehmigter Lehrplan – gültig für das auslaufende achtjährige Gymnasium.* https://www.gym8-lehrplan.bayern.de/contentserv/3.1.neu/g8.de/id_26172.html

Staatsinstitut für Schulqualität und Bildungsforschung (2023a). *LehrplanPLUS. Fachlehrplan Mathematik, Jahrgangsstufe 6, Realschule.* https://www.lehrplanplus.bayern.de/fachlehrplan/realschule/6/mathematik

Staatsinstitut für Schulqualität und Bildungsforschung (2023b). *LehrplanPLUS. Fachlehrplan Mathematik, Jahrgangsstufe 7, Gymnasium.* https://www.lehrplanplus.bayern.de/fachlehrplan/gymnasium/7/mathematik

Staatsinstitut für Schulqualität und Bildungsforschung (2023c). *LehrplanPLUS. Fachlehrplan Mathematik, Jahrgangsstufe 9, Gymnasium.* https://www.lehrplanplus.bayern.de/fachlehrplan/gymnasium/9/mathematik

Staatsinstitut für Schulqualität und Bildungsforschung (2023d). *LehrplanPLUS. Fachlehrplan Mathematik, Jahrgangsstufe 9, Realschule.* https://www.lehrplanplus.bayern.de/fachlehrplan/realschule/9/mathematik/wpfg1

Stachowiak, H. (1973). *Allgemeine Modelltheorie.* Springer.

Stahl, R. (2000). *Lösungsverhalten von Schülerinnen und Schülern bei einfachen linearen Gleichungen*. Dissertationsschrift, eingereicht an der Technischen Universität Braunschweig.

Star, J. R. (2005). Re-conceptualizing procedural knowledge. *Journal of Research in Mathematics Education*, 36(5), 404–411.

Steinweg, A. S. (2013). *Algebra in der Grundschule. Muster und Strukturen – Gleichungen – funktionale Beziehungen*. Springer. https://doi.org/10.1007/978-3-8274-2738-0

Tall, D., & Vinner, S. (1981). Concept image and concept definition in mathematics with particular reference to limits and continuity. *Educational Studies in Mathematics*, 12, 151–169. https://doi.org/10.1007/BF00305619

Tietze, J. (2019). *Einführung in die angewandte Wirtschaftsmathematik*. Springer. https://doi.org/10.1007/978-3-662-60332-1

Van Amerom, B.A. (2002). *Reinvention of early algebra. Developmental research on the transition from arithmetic to algebra*. Utrecht: CD-ß Press, Center for Science and Mathematics Education.

Vlassis, J. (2002). The balance model: hinderance or support for the solving of linear equations with one unknown. *Educational Studies in Mathematics*, 49, 341–359.

Vollrath, H.-J., & Weigand, H.-G. (2007). *Algebra in der Sekundarstufe*. Elsevier.

vom Hofe, R. (1992). Grundvorstellungen mathematischer Inhalte als didaktisches Modell. *Journal für Mathematik-Didaktik, 13*(4), 345–364.

vom Hofe, R. (1995). *Grundvorstellungen mathematischer Inhalte*. Spektrum.

vom Hofe, R. (2003). Grundbildung durch Grundvorstellungen. *mathematiklehren*, 118, 4–8.

vom Hofe, R., & Blum, W. (2016). „Grundvorstellungen" as Category of Subject-Matter Didactics. *Journal für Mathematik-Didaktik, 37*(1), 225–254.

vom Hofe, R., & Roth, J. (2023). Grundvorstellungen aufbauen. *mathematiklehren, 236*, S. 2–7.

Walz, G. (Hrsg.). (2017a). Lexikon der Mathematik Band 1 (2. Auflage). Springer. https://doi.org/10.1007/978-3-662-53498-4

Walz, G. (Hrsg.). (2017b). Lexikon der Mathematik Band 3 (2. Auflage). Springer. https://doi.org/10.1007/978-3-662-53502-8

Walz, G. (Hrsg.). (2017c). Lexikon der Mathematik Band 4 (2. Auflage). Springer. https://doi.org/10.1007/978-3-662-53500-4

Walz, G. (Hrsg.). (2017d). Lexikon der Mathematik Band 5 (2. Auflage). Deutschland: Springer. https://doi.org/10.1007/978-3-662-53506-6_1

Webb, D., & Abels, M. (2011). Restrictions in Algebra. In P. Drijvers (Hrsg.), *Secondary Algebra Education. Revisiting Topics and Themes and Exploring the Unknown* (S. 101–118). Sense Publishers.

Weigand, H.-G., & Weth, T. (2002). *Computer im Mathematikunterricht – Neue Wege zu alten Zielen*. Spektrum Akademischer Verlag.

Weigand, H.-G., Schüler-Meyer, A., & Pinkernell, G. (2022). *Didaktik der Algebra*. Springer. https://doi.org/10.1007/978-3-662-64660-1

Werner, C. S., Schermelleh-Engel, K., Gerhard, C., & Gäde, J. C. (2016). Strukturgleichungsmodelle. In N. Döring & J. Bortz (Hrsg.), *Forschungsmethoden und Evaluation in den Sozial- und Humanwissenschaften* (5. Auflage, S. 946–974). Springer.

Xia, Y., Yang, Y. (2018). RMSEA, CFI, and TLI in structural equation modeling with orde-
red categorical data: The story they tell depends on the estimation methods. *Behavior
Research Methods, 51*, 409–428. https://doi.org/10.3758/s13428-018-1055-2

Zaichkowsky, J. L. (1985). Measuring the Involvement Construct. *Journal of Consumer
Research, 12*(3), 341–352. https://doi.org/10.1086/208520

Zell, S. (2018). Inhaltliches Lösen von Gleichungen herbeiführen durch geeignetes Abän-
dern von Standardaufgaben. In Fachgruppe Didaktik der Mathematik der Universität
Paderborn (Hrsg.), *Beiträge zum Mathematikunterricht 2018*. WTM-Verlag

Zell, S. (2019). Provoking students to solve equations in a content-oriented fashion and not
using routines by solving slightly modified standard tasks. *Eleventh Congress of the European Society for Research in Mathematics Education*. Utrecht University, Netherlands.
https://hal.science/hal-02416508

Zinnbauer, M., & Eberl, M. (2004). Die Überprüfung von Spezifikation und Güte von Struk-
turgleichungsmodellen: Verfahren und Anwendung. *Schriften zur empirischen Forschung
und Quantitativen Unternehmensplanung*, 21. Ludwig-Maximilians-Universität Mün-
chen.

Printed in the United States
by Baker & Taylor Publisher Services